MP5
サブマシンガン

対テロ部隊最強の精密射撃マシン

リーロイ・トンプソン著
床井雅美 監訳
加藤喬 訳

THE MP5
SUBMACHINE GUN

並木書房

はじめに

1950年代末に登場して以来、ヘッケラー&コッホ（H&K）社が開発したMP５サブマシンガンは、対テロ部隊や特殊部隊をはじめとする世界中の警察や軍隊で最も広く使用されるサブマシンガンとなった。

映画やテレビ、コンピューターゲームなどにもひんぱんに登場するが、一般警察でも多用しているドイツやイギリスなどを除けば、人々の知名度はトミーガン（トンプソン・サブマシンガン）やウジ・サブマシンガンに及ばない。

これはMP５が隠密行動をとる特殊部隊で使用されることが多く、一般市民の目に触れることが少ないせいかもしれない。

トミーガンやウジ・サブマシンガンと異なり、大量のMP５が軍隊によって実戦に投入はされたことはない。MP５の得意分野は、特殊部隊が秘密作戦で、ターゲットを選択し正確迅速に排除することなのだ。

その卓越した性能から世界中の特殊部隊員が信頼を寄せる武器となり、秘密作戦に多用されるところからMP５には神秘のベールがつきまとうことになった。

試作段階でH&KモデルHK54サブマシンガンと名づけられたMP５の原型は、H&KモデルG３アサルトライフルと同一の基本メカニズムを発展させたウェポン・システム（兵器体系）の

H&KモデルG3アサルト・ライフル（上）とモデルMP5サブマシンガン。H&KモデルMP5は、モデルG3のシステム・ウェポンとして開発された同系のロッキングシステムを組み込んだサブマシンガンだ。(Tokoi/Jinbo)

ひとつとして開発された。

H&KモデルHK54は、H&KモデルG3アサルトライフルと同じハーフ・ロックのローラーを利用した遅延式ブローバック（ディレイドブローバックあるいはヘジテートブローバック）が組み込まれており、ピストル向けの9mm×19弾薬を使用するように改良された製品だ。

MP5のバレル（銃身）は、コールドハンマリング工法で製作され、バレルがレシーバー（機関部）前方のストックなどに接触しないフリーフローティング方式になっている。

撃発時に大きく重いボルト（遊底）が移動しないクローズドボルト方式で発射することから、射撃の正確さに定評がある。

リング状のフードがついたフロントサイトと回転ドラム式の円孔リアサイトは、大半のサブマシンガンより優れており、すばやい照準とともに精密射撃も可能にしている。

MP５のバレル先端には、消炎器、訓練用空砲アダプターや榴弾発射器、サウンド・サプレッサーなどのさまざまな装備品を装着できる３個のラグ（突起）が設けられている。レシーバー上部に光学照準器を装着するための突起と切り込みが設けられている。この光学照準器の装着装置は、H&KモデルG３アサルトライフルをベースにしたウェポン・システムの武器すべてに共通している。

MP５が広く使用されるようになると、ピカティニーレールや前部バーチカル・グリップ（垂直グリップ、ピストル・グリップ）、各種照射器などの多数のアフターマーケット装備品が開発された。これらのアフターマーケット装備品が販売される以前、イギリス陸軍特殊空挺部隊（SAS）などはフラッシュライトやほかの装備品の装着方法を独自に考案して使用せざるをえなかった。

初期の基本型MP５は、ポリマー製の固定式ショルダーストックを備えたタイプと金属製の伸縮式ストックを備えたタイプの２種類が製作された。

その後、多くの改良が加えられたが、この基本型の２タイプが今日までMP５シリーズで最も一般的に使用されてきた。

特殊任務向けのサブマシンガンとして、ボディガードチームが服の下に隠し持てる短縮型のMP５Kも製作された。ほかの敵に気づかれずにターゲットを排除する任務や、ガスや気化した可燃物がマズルフラッシュ（発射炎：銃口からの火炎）で着火することを防ぐ目的で、組み込み式のサウンド・サプレッサー（消音器）を備えたMP５SDが開発された。

サウンド・サプレッサー（サイレンサー）を組み込み、ショルダー・ストックを省略した携帯性のよいモデルMP5SD1消音サブマシンガン（上）と正確に射撃するためセミ・オートマチック射撃だけに制限されたモデルMP５A２ポリスカービン。(Tokoi/Jinbo)

MP５SDは、人質救出作戦の際、大きな発射音で人質がパニックになることを防ぐ効果もある。

独特な任務に適合させた特注のMP５を装備する特殊部隊も存在する。H&K社は1986年、アメリカ海軍特殊戦戦部隊（SEALs）やイギリス海軍特殊舟艇部隊（SBS）など海上で活動する特殊部隊に向けたMP５-Nを開発した。

MP５-Nは「MP５海上型」とも呼ばれ、海水に対して耐腐食性がある表面仕上げと塗装が施されている。

NATO加盟国軍制式の９mm×19弾薬以外の弾薬を使用するMP５を採用した組織もある。たとえばアメリカ連邦捜査局（FBI）は、麻薬を摂取したターゲットに対しても十分なストッピングパワーを得るために、より強力な10mmオートマチック弾薬や40S&W弾薬を使用するMP５を調達した。

対テロ部隊の任務では、正確にターゲットに命中させて倒すことがきわめて重要だ。MP５は、この点でほかのサブマシンガンをはるかにしのぐ性能を備えている。

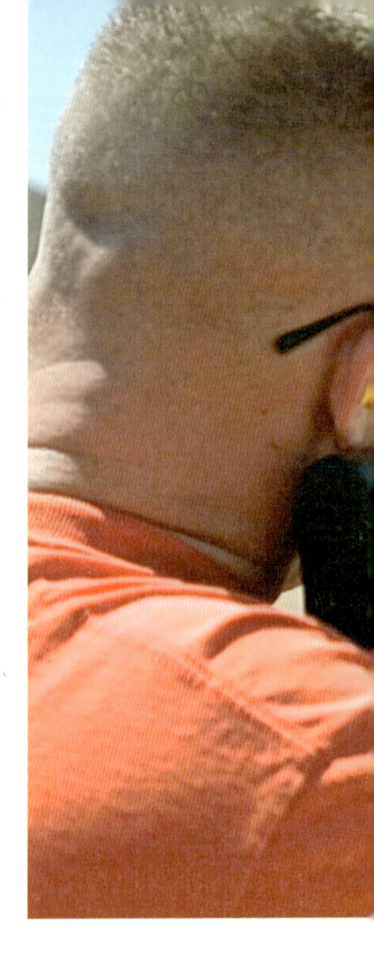

1972年９月に起きたミュンヘン・オリンピック事件は世界に大きな衝撃を与え、1970年代から80年代にかけて各国で次々に対テロ部隊が創設された。対テロ部隊の多くは、精密射撃能力と制圧火力、信頼性、入手しやすさなどからMP５を主要武器に選択した。

MP５を最初に採用した有名な組織は、旧西ドイツの対テロ部隊である連邦国境警備隊グループ９（GSG９）だ。GSG９との合同訓練でイギリス陸軍のSASはMP５に強いインパクトを受け、特殊プロジェクト・チーム（訳注：対テロチームの別称）用に採用した。

知名度の高いこれらの部隊に使用されたこと、とくにGSG９

サプレッサーを内蔵したMP５SDを射撃するアメリカ海兵隊の将校。軍と警察組織に広く行き渡った結果、MP５の採用国は、アルファベット順にアルバニアからザンビアまで、80か国以上にのぼる。一部のMP５のユーザーがより貫通能力に優れた軽量小型のライフル口径のカービンに移行した結果、ここ数年MP５の人気に陰りが出ているものの、現在、世界中で最も広く使用されているサブマシンガンであることに変わりはない。

がハイジャックされたルフトハンザ機の人質をモガディシュ空港で最小限の犠牲で救出に成功したことから、軍や警察の特殊作戦グループでMP５の普及が急速に進んだ。

報道によれば、最初にMP５を採用したイギリスの警察組織は、要人警護を担当するロンドン警視庁外交保護部で、小型で携帯しやすいMP５Kを選択した。

現在、ロンドン警視庁の武装パトカーと空港警備隊には、ラ

護身用にMP５を携帯する最大の利点は、軽量小型かつ効果的であることだ。イラク駐留のアメリカ陸軍特殊部隊員は、地元住民とビリヤードに興じる間もすぐ使えるようにMP５を吊していた。

イフルや散弾銃とともにMP５-SFA２と呼ばれるセミオートマチック射撃に限定されたMP５カービンが配備されている。

モデル名称の「SF」はシングル・ファイアーの略でセミオートマチック射撃を意味する。MP５-SFはフルオートマチック（全自動）射撃機能を除けばMP５と同一で、MP５用の装備品がすべて使用できる。ほかの多くのイギリス警察組織もセミオートマチックのMP５カービンを採用した。

アメリカの警察組織でもさまざまなモデルのMP５が使用されている。アメリカの警察管区でパトカーの搭載武器を従来の散弾銃（ライオットガン、ポリスショットガン）に代えてMP

5セミオート・カービンにしたところも多い。

SWATチーム（特殊武器と戦術を駆使する警察の制圧部隊）に配備されているMP５は、フルオートマチックとセミオートマチックの切り替えができるセレクティブファイアーモデルが大半を占めている。一方、アメリカのパトロール警官に支給されているMP５は、フルオートマチック射撃が可能なセレクティブファイアーモデルとセミオートマチックに限定されたモデルが警察の管区によって混在している。

MP５は、技術、戦術面などに多くの影響を残した。そもそもサブマシンガンは、MP５が開発されるまで精密射撃用の武器と考えられていなかった。

MP５が開発されてこの従来の考え方は変わった。MP５は人質救出作戦や、そのほかの精密射撃が要求される場合に最適な武器といえる。

高い命中精度が求められるこれらのケースで、最近、ほとんどの場合に光学照準器やフラッシュライト／レーザー照準器が併用されている。射撃訓練用に９mm×19弾薬から.22LR（ロングライフル）弾薬に変換できる.22口径転換キットも製作された。

接近戦闘訓練用には、非致死性の塗料入り弾丸を装着した訓練弾薬を発射する「ブルーモデル」（銃の表面が青色に塗装されているところからこう呼ばれる）が開発された。

MP５は現在も生産中だが、その影響を同じH＆K社の新型代替製品のモデルUMP（ユニバーサル・マシン・ピストル）サブマシンガンにも見ることができる。

H&KモデルUMPサブマシンガンは主にアメリカ市場向けに

設計され、９mm×19弾薬より高いストッピングパワーがある.40S&W弾薬や.45ACP弾薬を使用するモデルも作られた。

MP５は、第２次世界大戦後に設計されたサブマシンガンの中で最も成功した製品のひとつであり、ライバルにはイスラエルのウジ・サブマシンガンがある。

特殊部隊向け武器として5.7mm×28弾薬を使用するFN社製のモデルP90PDW（パーソナル・ディンス・ウェポン：個人防衛火器）がこの25年間はげしく追い上げてきた（監訳者注：最初FNモデルP90PDWの名称で登場したものの、現在、より理解しやすいようにFNモデルP90サブマシンガンと改称されている）。

しかし、MP５の人気は根強く、対テロ戦争時代を代表するサブマシンガンの地位に揺るぎはない。

一般人には「ウジ・サブマシンガン」や「トミーガン」のほうがよく知られているものの、「ピンポイント打撃」作戦を行なう特殊部隊の間では当然ながらMP５の知名度のほうが高い。

若者の間では、映画やテレビ、コンピューターゲームの世界で「プロが使う武器」のシンボルとしてMP５が広く認知されている。この数十年間、現実でもスクリーン上でも、黒装束の対テロ特殊部隊員が手にするサブマシンガンはほとんどがMP５である。

目　次

MP５/40サブマシンガン（C&S）

第1章
MP5サブマシンガンの開発と誕生

MP5サブマシンガンを射撃するアブダビの兵士。MP5サブマシンガンは射撃の際の反動が少なく、体格の大きくない中東やアジアの兵士でもコントロールが容易で射撃しやすい。(Tokoi/Jinbo)

第２次世界大戦後のサブマシンガン

第２次世界大戦後、戦勝国にはサブマシンガンの在庫が大量に存在した。また、各国でアサルトライフルの開発が進み、この新型ライフルが従来のオートマチック軍用ライフルやサブマシンガンに取って代わり、後者の需要が激減していった。

ソビエト連邦とワルシャワ条約機構加盟諸国は、1950～60年代になってもPPSh-41サブマシンガンやPPS-43サブマシンガンを使い続けた。なかでも、PPS-43は1968年まで生産され続け、SKSカービンとAK-47アサルトライフルの生産が軌道に乗るにつれ徐々に換装されていった。

北朝鮮軍と中国軍は朝鮮戦争（1950～53年）で、PPSh-41サブ

モデルPPSh-41サブマシンガン。第２次世界大戦中にウラル地方に疎開したツーラ造兵廠で大量生産されたソビエト歩兵部隊の中核的なサブマシンガンである。(Tokoi/Jinbo)

モデルPPS-43サブマシンガン。PPSh-41サブマシンガンの後継で、ドイツのサブマシンガンにならい折りたたみ式のショルダー・ストックを装備していた。(Tokoi/Jinbo)

マシンガンとPPS-43サブマシンガンを多数使用した。

第2次世界大戦後にイギリス領マレーとボルネオで起きた反乱の鎮圧作戦には、ジャングルの接近戦に適したステン・サブマシンガンやスターリング・サブマシンガンが大量に投入された。ケニアの情勢不安（1952〜60年）に対しイギリス人農園主や治安警察にもサブマシンガンが支給され、ジャングル戦に最適な武器であることが示された。

少なくとも第1次湾岸戦争（1990〜91年）まで、イギリス軍の機甲部隊や憲兵、特殊任務につく兵士たちは、スターリング・サブマシンガンで武装していた。敵のターゲットを密かに殺害する任務を帯びた西側特殊部隊は、ここ数十年間、多くのケースでサプレッサーを組み込んだスターリング・サブマシンガンを使用した。

第2次世界大戦終了時、M3サブマシンガン、通称「グリースガン」がアメリカ軍の主要なサブマシンガンだった。M3はベトナム戦争後まで特殊部隊や戦車兵に継続的に使用された。

対テロ作戦担当のアメリカ陸軍特殊部隊デルタフォースが1977年に創設されたとき、M3サブマシンガンも装備品に含まれていた。さらにアメリカ軍は軽量で扱いやすく、セミオートマチック射撃と切り換えでサブマシンガン同様のフルオートマチック射撃も可能なM2カービンも保有していた。そのため、わざわざ新規サブマシンガンを設計する必要があまりなかった。

ベトナム戦争後、アメリカの武器設計者たちはコルト・コマンドなどのM16アサルトライフルをベースにした短銃身モデルをサブマシンガンに代わるものとして選択した。

スターリング・サブマシンガン

ステン・サブマシンガン
(Grzegorz Pietrzak)

スターリング・サブマシンガンはステン・サブマシンガンの後継として開発された。ボルト外側には、らせん状の溝が切られている。このらせん溝は、射撃中に前後動するボルトでレシーバー内側の汚れを取り除き、作動の信頼性を確保するために設けられていた。ステンは独立した安全装置を備えておらず、レシーバーのコッキングハンドル・ガイド溝の切り込みにコッキングハンドルを引っかけて安全を確保した。これに対し、スターリングの安全装置は、独立したセレクター・スイッチに組み込まれている。マガジン形式も全面的に改善され、チャンバー（薬室）への給弾がより確実なダブル・ポジション・フィーディング・リップ方式を採用した。スターリングは1953年にイギリス軍の制式兵器に採用され、L2A1サブマシンガンとなり、数年のうちに順次改良が加えられ、L2A2、L2A3へ発展していった。スターリングは1990年代までイギリス軍部隊で現役兵器だった。サウンド・サプレッサーを組み込んだスターリングL34A1は特殊部隊で広く使用されていたが、のちにH&K社のサウンド・サプレッサーを組み込んだMP５SDサブマシンガンに換装された。それでも多くのスターリングL34A1が予備武器として今も保管されている。(C&S)

アメリカの警察は1921年に登場したトンプソン・サブマシンガンを1960年代になっても使い続けていた。FBIは、1980年代後半まで限定的にトンプソンを使用していた。1960〜70年代、ロサンゼルス市警察（LAPD）をはじめとする各地の市警がSWATチームを創設し、この武装にサブマシンガンではなくM16アサルトライフルを選択した。

第2次世界大戦後、フランスはベトナムとアルジェリアにおける反乱鎮圧の必要から、MAT49サブマシンガンを新規に開発した。MAT49は実用に十分耐えられる性能をもち、その後、数十年間にわたってフランスの軍や警察で使用され続けた。

9mm×19弾薬を使用するMAT49はアメリカのM3やイギリスのステンに大きな影響を受けて設計されている。海外に派兵するフランス軍の部隊を安価で迅速に配備できる武器として製造された。

第2次世界大戦終結後の10年間、植民地の反乱鎮圧は主にフランス軍空挺部隊が担当した。そのためMAT49は、空挺部隊の作戦に適するように設計されている。携行したままパラシュート降下できるようにマガジンを装着したまま折りたためるマガジン装着部やコンパクトにできるワイヤー製伸縮ストックなどを備えている。

製造は、生産効率の高いプレス加工と電気溶接を多用している。作動はオープンボルト撃発のブローバック方式で、毎分600発相当の連射速度がある。

フルオートマチック射撃のみ可能なMAT49は、この比較的低い連射速度で射撃中のコントロールを容易にした。フランスのジャンダルム（国家憲兵隊）も1949年にMAT49を採用し、1979年に5.56mm×45弾薬を使用するブルパップ・タイプのFAMASアサルトライフルに換装するまで使い続けた。

同じく9mm×19弾薬を使用するサブマシンガンにはイタリア

ベレッタ・モデル12サブマシンガン。このサブマシンガンはL型ボルトを組み込み、折りたたみ式のショルダー・ストックを装備した全長の短いサブマシンガンで、射撃をコントロールしやすいよう前方にもバーチカル・グリップを備えている。(Tokoi/Jinbo)

のベレッタ社製M12がある。

1959年から現在も継続して生産されており、ハンドガード部分の下にピストル・グリップがあるため射撃中のコントロールがしやすい。独立した手動安全装置のほかにグリップ・セイフティも設けるなどうまく設計されていたが、商業的に成功しなかった。

戦後まもなく設計されたサブマシンガンの中でも、とりわけ影響力が大きかったのはイスラエルのウジ・サブマシンガンだ。多数の市民兵に配備するために1948年に設計・開発されたウジは、四半世紀の間、世界で最も有名なサブマシンガンだった。

ウジはL字型ボルトを採用し、ピストル・グリップ部にマガジンを装着するので全長が短く、服の下にも隠せるサブマシンガンとして注目された。

手で握っているグリップ部分にマガジンを挿入するので、素

ウジ・サブマシンガン。第２次世界大戦後、MP５が登場するまでイスラエルのウジは信頼性と耐久性でほかのサブマシンガンを圧倒した。オープンボルトから撃発するブローバック方式で設計されたウジはコンパクトで、特殊作戦部隊、空挺部隊、戦車や装甲車の乗員、後方支援部隊、警察、キブツ（イスラエル独特の集産主義的共同体、農場）などで働く人々の自衛用に最適な武器となった。1000万挺以上を売り上げ、現在も広く使用され続けているウジは史上最も有名なサブマシンガンのひとつといえる。安全装置を兼ねたスライド式セレクター・スイッチとグリップ・セイフティを備え、きわめて安全に取り扱うことができる。当初、オープンボルト方式が採用されていたが、MP５に対抗し、命中精度を向上させるためにクローズドボルトで射撃できるモデルも製作された。より小型化したミニ・ウジ・サブマシンガンやマイクロ・ウジ・サブマシンガンは、服の下に容易に隠せるので、ボディガードチームなどが使用している。（L.Thompson）

早く直感的なマガジン交換が可能だった。グリップ・セイフティも組み込まれており、グリップを握る手をゆるめると射撃が停止する。

　ウジは1950年代後半までにイスラエル陸軍すべてに行き渡り、1950～1970年代のアラブ・イスラエル戦争に大量投入された。輸出も1960～1980年代にかけて大成功を収め、最終的に90か国以上の軍隊や警察が購入した。ベルギーのFN社ではライセンス生産もされた。

旧西ドイツ軍も制式武器に採用し、MP2（マシーネンピストレ2型）サブマシンガンと名づけられた。（監訳者注：ウジ・サブマシンガンが旧西ドイツでライセンス生産されたことはなく、西ドイツ軍が選定使用したウジ・サブマシンガンはすべて戦時賠償の一環としてイスラエルから輸入された）

アメリカ大統領を警護するシークレット・サービスも、ウジを使用していたことはよく知られている。かつてレーガン大統領が銃撃された際、警護していたシークレット・サービスがジャケットの下からウジを抜き出すニュース映像が世界中に配信されて多くの人々に強い印象を残した。

MP5が成功を収めた後も、ワルサー社はMPKとMPL（写真）の生産を1985年まで継続した。これらのサブマシンガンは当時の西ドイツの連邦警察や州警察で使用された。（T.J.Mulin）

またウジは海水に浸されても確実に作動することから、フロッグマンなどの潜水工作部隊も活用した。

多くの読者にとって、本書が扱うH&K社のMP５が戦後ドイツで設計された最もなじみ深いサブマシンガンだろう。だが、1963年から70年代初頭にかけては、同じドイツのワルサー社が製作したモデルMPKとモデルMPLがサブマシンガンの成功例として注目されていた。

MP５サブマシンガンの開発

第１次世界大戦末に登場したMP18/I、第２次世界大戦のMP38やMP40など、ドイツは常にサブマシンガンを好んで使用してきた。第２次世界大戦後まもなくドイツは新型サブマシンガンの開発を再開した。

MP５の起源はマッザー（モーゼル）社が試作した「機材06（Gerat 06）」の秘匿名をもつアサルトライフルにまで遡ることができる。この試作銃はStG44アサルトライフル用の7.92mm k（7.92mm×33）弾薬を使用し、ドイツ軍制式のMG42汎用機関銃と同じ原理によるフル・ロックのローラー・ロックとガス・ピストンを用いて設計された。

実験を重ねた結果、7.92mm×57弾薬に比べて発射ガス圧力の低い7.92mm×33弾薬は、ローラー・ロックをハーフ・ロックの状態にして、ガス・ピストン・システムを省いても安全に射撃、作動することが判明した。ガス・ピストン・システムを省いた改良型試作アサルトライフルには機材06（H）〔Gerat 06（H）〕の秘匿名がつけられた。

試作ライフルの秘匿名の（H）は、ドイツ語のハルブフェア

ドイツ製サブマシンガンの嚆矢となったベルグマンMP18。MP18はドイツが第１次世界大戦末に塹壕戦向けの兵器として開発した。ピストルの弾薬をフル・オートマチックに連続射撃点が特徴だった。(Tokoi/Jinbo)

モデルMP40サブマシンガンは、世界初の全金属製のMP38サブマシンガンの発展量産型で、第２次世界戦中に大量に製造されてドイツ軍の中核的なサブマシンガンとなった。(Tokoi/Jinbo)

シュルスの頭文字でハーフ・ロックを意味している。このハーフ・ロック方式が、遅延ブローバック（ディレイドブローバックあるいはヘジテート・ブローバック）と呼ばれるものだ。

機材06（H）試作ライフルは、終戦間際にドイツ軍の採用が決まり、StG45（M）（マゥザー〔モーゼル〕1945年型アサルトライフル）の仮制式名が与えられた。実用試験用に少量のゼロ・シリーズが製作されている時点でドイツが敗北し、終戦になった。その結果StG45（M）は量産されなかった。

このライフルより前に第２次世界大戦中にドイツが開発して

実用化したMP43、MP44、StG44（3機種のライフルはほとんど同型で、主に政治的理由から3回の改称が行なわれたとされている）は、世界で最初のアサルトライフルとして認知されている。

これらのライフルの実戦投入が、ソビエト連邦にAK-47アサルトライフルの開発をスタートさせる大きな要因となった。

短小弾薬を射撃するように設計されたStG44のレシーバー（機関部）は、プレス加工したスチール板を電気溶接して製作された。そのため弾薬を装填しても5.13kgと比較的軽量だ。

このStG44がガス圧利用方式だったのに対し、マゥザー社が試作した機材06（H）/（StG45（M）は、反動利用方式でハーフ・ロックのローラー・ロックを用いていた。後年この機構がG3アサルトライフルやMP5に使われることになる。

第2次世界大戦後、フランスはマゥザー社を接収し、フランス軍のための銃器を2年にわたって製作させたあとに、工場を爆破、取り壊して製造機械類を本国に持ち帰った。

マゥザー社が解体されたため、StG45（M）の開発チームに携わっていたエンジニアのルートヴィヒ・フォルグリムラーとテオドール・レフラーは、フランス東部の都市ミュールーズにあったミュールーズ兵器研究所（CEAM）に職を求めた。

彼らはここでStG45アサルトライフルの開発で得た知識を基にフランス軍向けの新型ライフルの試作品をそれぞれ製作した。

この新型ライフル・プロジェクトには、シャテルロー造兵廠（MAC）とサン・テティエンヌ造兵廠（MAS）も参加して試作ライフルを設計・提出した。比較性能テストでは、レフラーが設計したマシン・カービン・モデル1950の性能が優れていた。

だが、第1次インドシナ戦争（1946〜1954年）が勃発、拡大していったため、フランスには新型ライフルを採用する経済的余裕がなくなった。

フォルグリムラーは試作ライフルが不採用になったため1950年にCEAMを退職。スペインのセトメ（CETME：中央特殊素材技術研究センター）に転職し、特殊な軽量構造のCETME弾薬を使用するローラー・ロック遅延ブローバック方式のライフル開発に取り組んだ。

当時セトメではドイツの機関銃・火砲メーカーのラインメタル社出身のエンジニアたちも同じプロジェクトに従事しており、フォルグリムラーたちマゥザー社出身のエンジニア・チームと競作になった。

1952年、スペイン政府は試作ライフルの中からセトメ・モデル2と名づけられたフォルグリムラー設計のプロトタイプを選択し、これをベースに発展改良を続けることになった。

西ドイツの連邦国境警備隊（BGS）にもセトメ・モデル2が提示され、関心がもたれたものの、BGSが必要としていたのは、独特の弾薬を使用するセトメ・ライフルより7.62mm×51NATO弾薬を使用するアサルトライフルだった。

当初、スペインは体格の小さな者でも射撃をコントロールしやすい弱装弾薬を採用し、一方、ドイツはNATOの最前線メンバーとしてNATO加盟国共通の7.62mm×51弾薬を選択していた。

最終的にセトメは7.62mm×51NATO弾薬と同型で装薬量が少ない減装弾薬を使用するセトメ・モデルAライフルを開発し、続いて7.62mm×51NATO弾薬を発射するモデルBを開発した。

HK91ライフルは、G３アサルトライフルをセミオートマチック射撃に限定させたモデルだ。写真ではマガジンが装着されていない。G３は、FN FALと並び第２次世界大戦後に開発されたアサルトライフルの設計に大きな影響を与えた。第２次世界大戦後ドイツのエンジニアがフランスとスペインの開発機関で研究を重ね、スペインのセトメ社で原型を完成させた。最終的にドイツのヘッケラー＆コッホ社（H&K）が発展改良を加え生産にこぎ着けた。MP５はG３から派生した製品で、MP５にもG３と同型のローラー遅延ブローバック方式が組み込まれている。(National Firearm Museum)

セトメ・ライフルを7.62mm×51NATO弾薬が使用できるようにする改良には、創設間もないH&K社が大きく関与した。

セトメ・ライフルで7.62mm×51NATO弾薬を使用する改良に手間取ったため、BGSは1956年にベルギーのFN社製のモデルFALアサルトライフルにG１ライフルの制式名を与え採用した。

一方、スペイン政府は1958年、7.62mm×51NATO弾薬を使用するモデル58セトメ・ライフルをスペイン軍制式小銃に採用した。

1955年に再建された旧西ドイツ連邦軍（BW）も、性能試験用に少数のセトメ・モデルAやセトメ・モデルBを購入した。H&K社によってセトメ・モデルBに数々の改良が加えられ、この改良型（MD３）を旧西ドイツ連邦軍はG３（ゲベァー３：ライフル３型）の制式名で1959年１月に採用した。G３は、H&K社とラインメタル社で製造された。

ヘッケラー＆コッホ社とMP５

H＆K社は、戦後間もない1949年、３人の創設者によってドイツ南部のオーベルンドルフで設立された。元マウザー（モーゼル）社工場長エドムンド・ヘッケラー、マウザー社出身エンジニアのテオドール・コッホ、元マウザー社機械工のアレックス・ザイデルである。

戦後、ドイツは兵器生産を禁止されていたため、設立当初のH＆K社は、自転車部品やミシン、精密計測器などを製造した。1954年に禁止令が解除されると、H＆K社はスペインのセトメ・アサルトライフルで強力な7.62mm×51NATO弾薬を使用できるようにする改良設計を受注した。H&K社は、この改良設計で遅延ブローバック方式の知識と経験を深めていった。

1969年、旧西ドイツ軍が制式化して以来、G３アサルトライフルをH&K社と並行して生産していたラインメタル社は、MG３マシンガン（第２次世界大戦で使われたMG42の改良型）生産の入札からH＆K社が手を引くことを条件に、G３の生産を打ち切った。以後、H＆K社がG３を独占的に生産することになる。1977年、西ドイツ政府は生産と販売に関するすべての権利をH＆K社に譲渡した。

1987年、イギリスの航空宇宙企業ブリティシュ・エアロスペース社が軍需企業のロイヤル・オーディナンス社を買収。1991年、ロイヤル・オーディナンス社がH＆K社を買収した。ブリティシュ・エアロスペース傘下となったH＆K社は、2000年にイギリス陸軍のSA80/L85アサルトライフルの修理業務を受注した。この修理作業では、実戦で明らかになったこのライフルの多くの欠陥も改修された。修理・改修作業を終えた約20万挺には、新たにL85A2アサルトライフルの制式名が与えられた。

2002年、ブリティシュ・エアロスペースがBAEシステムズに組織改編された際に、傘下企業だったH&K社はドイツとイギリスの企業グループHK Beteiligungs-GmbHに売却された。翌年、H&K社は軍や警察向け武器を製造販売するディフェンス&ローエンフォースメント・グループとスポーツ用の市販銃器を製造販売するスポーツ・グループに分割、再編成された。

1960年代、旧西ドイツの連邦警察や州警察は、大量のサブマシンガンを必要としていた。この需要を獲得するためにMP５の原型がH＆K社によって開発された。開発は、1964年に「プロジェクト64」として始められた。このプロジェクトで開発された新型サブマシンガンは当初モデルHK54と名づけられていた。開発の主任設計士はティロ・モーラー、助手をマンフレッド・ガーリング、ゲオルグ・サイドル、ヘルムート・バウロイターが務めた。

モデル名称のHK54は、当時H＆K社が使っていたG３アサルトライフルから派生したウェポン・システムの命名法にしたがって決められた。番号は頭の一桁目が銃器の機種を表しており「１」はライト・マシンガン（軽機関銃）、「２」はジェネラル・パーパス・マシンガン（汎用機関銃）、「３」はアサルトライフル、「４」はセミオートマチック・ライフル、「５」はサブマシンガン（機関短銃または短機関銃）だ。続く二桁目の数字が使用する弾薬を表している。「１」が7.62mm×51NATO制式弾薬、「２」が7.62mm×39ワルシャワ条約機構加盟国制式弾薬、「３」が当時、アメリカが制式としていた5.56mm×45M193弾薬、「４」が９mm×19ピストル弾薬だ。この付与基準にしたがって、H＆K社が開発した９mm×19弾薬を使用するサブマシンガンはHK54となった。このH＆K社の名称は、基本的に社内での便宜上の呼称で、軍に採用されたり民間用に販売されたりする場合にはしばしば変更された。

MP5の派生型名称

HK54：1966年以前に生産されたオリジナル・モデル。のちのMP5の原型。

MP5：S-E-F（安全・半自動・全自動を表わすドイツ語の頭文字）セレクターを備えた最初のモデル。固定ストック付き。

MP5A1：S-E-Fセレクターを備えた最初のモデル。伸縮ストック付き。

MP5A2：S-E-Fセレクターを備えた固定ストック付き第1期改良型。最も一般的なモデル。

MP5A3：S-E-Fセレクターを備えた伸縮ストック付き第1期改良型。

MP5A4：固定ストック付き第2期改良型。オプションに3点分射機能を備えた製品もある。

MP5A5：伸縮ストック付き第2期改良型。オプションに3点分射機能を備えた製品もある。

MP5-SFA2：半自動射撃に限定した固定ストック付きモデル。

MP5-SFA3：半自動射撃に限定した伸縮ストック付きモデル。

MP5-N：アメリカ海軍向けモデル。海軍仕様のトリガーグループ、ゴム製銃尾パッド付き伸縮ストック、銃身先端がサプレッサー装着用ねじ山付き。

モデルMP5サブマシンガン・オリジナル。軍や警察のトライアル向けに限定生産されたモデルHK54サブマシンガンを改良発展させた量産型だ。（Tokoi/Jinbo）

ドイツ軍や国境警備隊、警察などのトライアル向けに限定生産されたデル MP5A4サブマシンガン。トライアルで指摘された点に改良を加えてモデル MP5サブマシンガンが設計され量産された。(Tokoi/Jinbo)

MP5F（MP5E2）：フランス軍向けモデル。右利き左利き兼用スリング・マウントを設け、内部メカニズムを強化し強装弾薬に対応したバッファー（緩衝機）とショルダーストックを装備。

MP5K：S-E-Fセレクターを備えたコンパクトモデル。ストック付きとストックなしがある。

MP5KA1：S-E-Fセレクターと固定式リアサイトを備えたコンパクトモデル。

MP5KA4：3点分射機能を備えたコンパクトモデル。

MP5KA5：MP5KA1の固定式リアサイトと3点分射機能を備えたコンパクトモデル。

MP5K-N：アメリカ海軍向けコンパクトモデル。サプレッサー装着用ネジ山付き銃身先端と海軍仕様のトリガーグループを装備。

MP5K-PDW：MP5K-Nの特徴をもつ「個人防衛火器」（PDW）で、折りたたみ式ストック付き。

MP5SD1：S-E-Fセレクターを備えた内蔵式サプレッサー・モデル。ストックなし。

MP5SD2：S-E-Fセレクターを備えた内蔵式サプレッサー・モデル。固定ストック付き。

MP5SD3：S-E-Fセレクターを備えた内蔵式サプレッサー・モデル。伸縮ストック付き。
MP5SD4：3点分射機能を備えた内蔵式サプレッサー・モデル。ストックなし。
MP5SD5：3点分射機能を備えた内蔵式サプレッサー・モデル。固定ストック付き。
MP5SD6：3点分射機能を備えた内蔵式サプレッサー・モデル。伸縮ストック付き。
MP5SD-N1：海軍仕様のトリガーグループとナイツ・アーマメント・カンパニー（KAC）社製ステンレス・サプレッサーを装備したモデル。伸縮ストック付き。
MP5SD-N2：海軍仕様のトリガーグループとナイツ・アーマメント・カンパニー（KAC）社製ステンレス・サプレッサーを装備したモデル。固定ストック付き。
MP5/10：10mmブレンテン弾薬を使用する10mm口径モデル。主にFBI向け。多様なストックとトリガーグループのオプションがある。
MP5/40：.40S&W口径モデル。多様なストックとトリガーグループのオプションがある。
MP5/357：.357SIG口径モデル。
MP94：406.5mmの長さの銃身を装備したMP5半自動射撃モデル。ピストル弾薬を使用するセミオートマチック・カービンとしてアメリカの民間向けに販売された。
SP89：MP5Kのセミオートマチック・ピストル・モデル。ストックがないのでセミオートマチック・ピストルとして一時期アメリカの民間向けに販売された。

MP5の派生型

HK54サブマシンガン

HK54の作動方式はローラー式遅延ボルトを使うディレイドブローバックを用いている。

HK54のみに見られる際立った特徴は、マガジン挿入口上方に設けられた、跳ね上げ式リアサイト、銃身の冷却フィン、コンペンセイター（銃口制退器）として作用する銃口部の細長い2つのスロット穴、ハンドガードの冷却通気孔、そしてMP5のものより長くて重いボルトキャリアーである。

1966年、HK54はドイツの連邦国境警備隊（BGS）とドイツ連邦軍（BW）がテスト用に購入した。

H&KモデルMP HK54。G3アサルトライフルの設計をもとに開発されたサブマシンガンの試作型。西ドイツ（現ドイツ）軍で試験・改良されて量産型のMP5サブマシンガンとして完成された。(Tokoi/Jinbo)

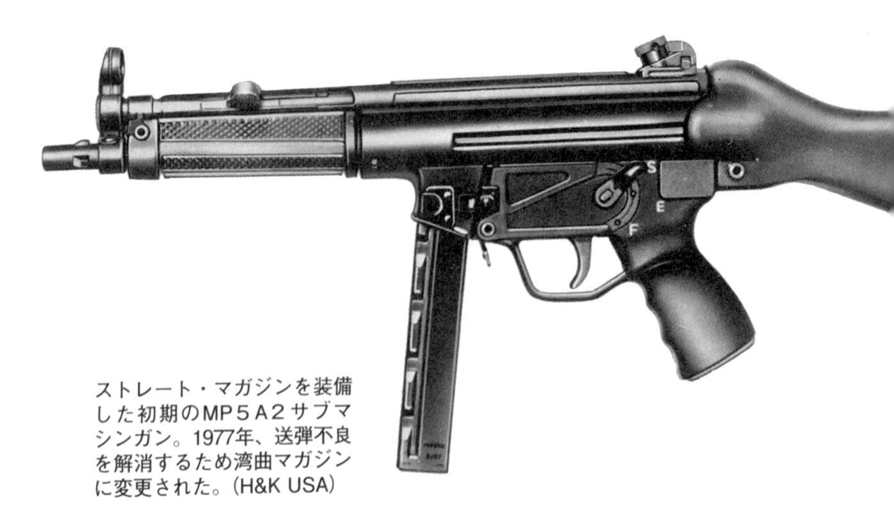

ストレート・マガジンを装備した初期のMP５A２サブマシンガン。1977年、送弾不良を解消するため湾曲マガジンに変更された。(H&K USA)

MP５A、MP５A２、MP５A３、MP５A４、MP５A５

HK54が改良されてMP５となった当初、MP５はプラスチック製の固定ストックを備えたモデルの名称で、金属製の伸縮ストックのモデルがMP５A1と名づけられた。

MP５はストックを簡単に交換できる設計で改良や改修が容易だったため、これらの名称は数年で変更されることになる。

1970年頃の固定ストックのモデルMP５A２は、S-E-F（安全、セミオートマチック、フルオートマチックを表わすドイツ語の頭文字）セレクター表示があり、「S」は白、「E」と「F」は赤く塗装されていた。のちに「アメリカ海軍モデル」など輸出型の改良セレクター表示は、言語を選ばないビジュアル表示に改められた。

ビジュアル表示は、長方形の枠に囲まれたに弾丸の図柄で赤く記されている。１発がセミオートマチック、先の開いた枠の

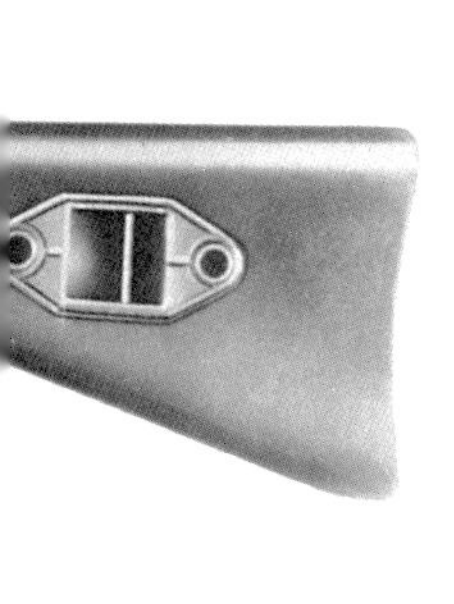

トルコの軍需産業MKEK（機械・化学工業会社）が製作したMP5のトリガーグループ（引き金、グリップ、セレクター・スイッチなどの機構を組み込んだユニット）。「E」は安全、「T」は半自動、「S」は全自動を意味する。MKEK社が製造したMP5改良型は、S-E-Fの代わりに弾丸の図柄を使用し、セレクター・スイッチの前に表示されている（31ページの写真参照）。軍の特殊部隊や警察のSWATチーム教官の中には、分射機能をもつトリガー・ハンマー・メカニズム・ユニットは構造が複雑で作動不良の原因になりやすく、分解後に組み立て方を誤ると事故につながる（現実に起っている）と指摘する者もいる。(C&S)

7発がフルオートマチック、閉じた枠の3発が3点分射、枠で囲んだ1発の弾丸に「×」を重ね白く記されたものが安全を表す。(39ページの写真参照)

射撃コントロール・メカニズムであるトリガー・ハンマー・メカニズム・ユニット・ボックスはピストル・グリップ内に収納されている。ピストル・グリップは、容易に交換でき、交換することによって異なる射撃モード、たとえば、3点分射を省いたセミオートマチック、フルオートマチック射撃機能オプションを選ぶこともできる。

1977年以前のストレート・マガジンを装着した初期のMP5SD。この改良型でハンドガードを追加装備し、固定ストックのモデルはMP5SD2。同型で伸縮ストックのモデルはMP5SD3と名づけられた。サウンド・サプレッサーを装備したMP5SDは、ボルトの作動音が発射音より大きいと指摘されたことから、H&K社は1983年にボルトを閉鎖してブロックできる構造を組み込んだMP5SDを試作した。この形式のMP5SDは単発となり、手でボルトのブロックを解除しボルトを後方に引かないと次の弾薬を射撃できなくなり、サブマシンガンとしての特性の大半が失われてしまうため試作段階で終った。(HK USA)

MP5SDサブマシンガン

1970年代初頭までに、MP5にサウンド・サプレッサーを組み込んだMP5SD（SDはドイツ語のシャル・ダンパー「サイレンサー」の頭文字）が開発された。

オプションとして固定ストック、伸縮ストック、隠し持つのに便利なようにストックの代わりにスリング・スイベルの付いた底板を装着したモデルが製作された。

MP5SDのバレル（銃身）には、30個の直径2.5mmの穴が空けられている。その外側を後部にガス拡散室と前方に漏斗状のバッフルを内蔵したケーシング（この部分がサウンド・サプレッサーの働きをする）が覆っている。

弾薬が撃発されると、バレルの穴からガス拡散室に迂回させ

MP５SD３の左側面。マガジン・リリースはボタンとレバーの併用式で、「S-E-F」セレクター表示のトリガーグループを装備している。MP５SDは超音速弾薬（通常弾薬）の使用を念頭に設計された。同時にアメリカ海軍特殊戦部隊（SEALs）向けに開発され、アメリカの警察でも使われる重量147グレインの弾丸を装着した亜音速弾薬でも問題なく作動する。サブマシンガンの専門家として知られるフランク・ジェームズは「弾頭重量の軽い亜音速弾薬は、発射後に弾丸の飛行速度が急激に失われるためストッピングパワー（訳注：対人阻止力＝人を倒す弾丸の威力）が不足する」と指摘している。より大きな威力が必要とされる場合には、重量115もしくは124グレインの弾丸を装着した超音速弾薬（通常弾薬）の使用が推奨されている。左はサイレンサーの断面写真。(Tokoi/Jinbo)

られたガスは拡散し圧力が低下すると同時にわずかながら温度も下がる。

ケーシングより短いバレルから噴出した発射ガスは、ケーシング前方のバッフルによって拡散し圧力と速度が低下する。この結果、弾丸がマズル（銃口）から飛び出す時までに噴出する発射ガスの速度（拡散スピード）が秒速61mほど落ちて音速以下になり、発射ガスの衝撃波による発射音を低減する。

MP５用のサウンド・サプレッサーは、密閉固定式で分解掃除ができない。漏斗状のバッフルは、発射の際に発射ガスでたまったカーボンを自動的に排出する機能がある。

MP５SDが最も多くの特殊部隊などで使用される消音モデルだが、ほかのサプレッサーを使用する部隊もある。写真のMP５はジェムテック社のラプター・サウンド・サプレッサーを装着している。1993年以降、ジョージア州コロンバスを拠点とするH＆K USA（ヘッケラー＆コッホのアメリカ支社）は、ナイツ・アーマメント社のステンレス・スチール製サプレッサーを装着したMP５をオプションとして販売している。このモデルはアメリカの特殊部隊の要請で開発された。なかにはポリマーや金属製の固定器具を使用して２つのマガジンを連結させる特殊部隊員もいる。写真では保持しやすいように黒色テープでマガジンを連結している。(L.Thompson)

それでもサウンド・サプレッサー内部は汚れやすく、これを取り除くには、サプレッサーを銃口から外して上向きに持ち、後端部を木材で軽く叩く方法が推奨されている。

カーボンによる汚れがひどい場合は非油性溶剤に浸す。この方法はサプレッサーを銃身に固定しガスをシールするOリングを破損することがあるので、再び取り付ける前にチェックすることが重要だ。

H＆K社からMP５SDの銃身やバレルの穴を掃除する用具も供給されている。

写真のMP５Kはストックの代わりにスリング・スイベル付きキャップ（底板）が装着されている。ハンドガード下部の前部ピストル・グリップと、先端部に設けられた手が銃口の前に出ないようにする突起にも注目。スタンダードのMP５A２のバレルが226mmの長さであるのに対し、MP５Kのバレルは114mmだ。アメリカ海軍特殊戦部隊（SEALs）向けのMP５K-Nのバレルは140mmで、先端部分にサプレッサー装着用のねじ山が切られている。（C&S）

MP５K、MP５K-N、MP５K-PDW

1976年、MP５Kが発売された。モデル名称のKはドイツ語の「クルツ（kurz）＝短い」を意味する。南アメリカのH&K販売代理店からの要望に応えて開発されたという。

MP５Kは服の下に隠して携行しやすいように軽量小型化されている。バレルとハンドガードは短縮され、ボルトキャリアーもきわめて短く再設計されている。照準を迅速に行なえるように回転式リアサイトの照門部分は丸穴の円孔照門に代えてV字型の切り込み照門に変更された。

開発当初、ストックが装備されていなかったが、1991年にフルオートマチック射撃のコントロールを容易にするため、銃の側方に折りたためるストックがオプションで追加された。

ストックなしのモデルは、レシーバー後端にスリング・スイベル付きのキャップ（底板）が装着されている。熟練射手は、射撃の際にスリングいっぱいまでMP５Kを前方に突き出して構え、スリングの張力を利用して照準を安定させる。

ボルトキャリアーが小型軽量化された結果、MP５Kの連射速度はスタンダード・モデルのMP５に比べて１分あたり100発ほど速くなった。

回転ドラム式リアサイトの代わりに、コートの下などから取り出すとき引っかかりにくい固定式のリアサイトに変更したものがMP５KA1だ。このため要人警護チームが好んで使っている。

できるだけ周囲に気がつかれないよう携帯するため、MP５Kは一般的に短い15連マガジンを使用する。

アメリカ陸軍第160特殊作戦航空連隊（SOAR）の搭乗員が使用しているMP５K-PDW。この部隊は特殊部隊員の敵地潜入や離脱などを任務とし、敵地に不時着した場合に備え、携帯が容易で強力な制圧火力を発揮する武器を必要とした。MP５K-PDWが開発された理由のひとつは、SOARの武装のためだった言われている。しかし現在、大部分のSOAR搭乗員は、M４カービンを使用している。ストックを伸ばしたMP５K-PDWの下にあるのは大腿部に装着するホルスターで、緊急着陸など機外に脱出するときにMP５K-PDWを紛失しないよう、MP５K-PDWを緑のコードでホルスターとつないでいる。ターゲットに向け銃を突き出すだけでストックを展開できる利点もある。（J.Comparato）

MP５の生産

MP５の製造工程は、高品質と生産の容易さを両立させるよう工夫されている。レシーバーはスチール・プレートを用い19工程のプレス加工を経て完成する。

両側の溝がレシーバー内部でボルトキャリアーとローラーのガイドとなり、外部の溝にストックを収納できる。

コールドハンマリング工法で鍛造されたバレル（銃身）はレシーバー先端に圧入されたうえでクロス・ピン留めされる。バレル上方のコッキングハンドル（レバー）・チューブ部はレシーバーに溶接されている。

左側面上部のコッキングハンドルを後方に引き、コッキングハンドル・ガイド溝の後方のＬ字型溝に入れるとボルトをホールド・オープン（開放状態）にできる。

レシーバーなど金属部分の表面は、腐食を防ぐパーカライジング（リン酸塩皮膜）処理後に静電塗装してある。初期のMP５は灰色がかった仕上げだったが、のちにつや消し黒色の表面仕上げに変更された。

ほかのH＆K社の製品と同じく、MP５は薬室内に細かい縦溝を設けたフルーテッド・チャンバーを採用した。この細かい縦溝は薬莢がチャンバー（薬室）に張り付くことを防ぎ、反動利用ハーフ・ロック方式の作動に不可欠なメカニズムだ。

以前、このチャンバーの溝はブローチで切削加工していたが、1988年以後、放電加工（EDM）によって行なわれている。

ブローチ切削加工が金属用の刃物による機械的な作業である

のに対し、EDMはアーク放電によってチャンバー内壁を腐食させ溝を切る工法だ。EDMになって加工が簡素化し、溝の数が12本から16本に増えた。

MP5は数十年にわたって現役であり、この間に多くの改良が加えられてきた。生産開始から5年目の1971年には、ボルト・グループに付いていたシレーション（鋸歯状突起）の省略、ボルトキャリアーの短縮、トリガー・プルの軽量化、排莢孔の延長大型化、排莢を確実にするための部品追加などが行なわれた。

翌72年には、送弾を改善するため薬室の形状が改められたほか、リコイルによるバッファーの破損を防ぐため、リコイル・スプリング・ガイドに合成樹脂製の留め金が追加装備された。

1972年から73年にかけて、アクリル製だったトリガー・ハンマー・メカニズム・ユニット・ボックス・ハウジング（ピストル・グリップ）、ハンドガード（手で握る銃の先端部）、ストック（銃床）にガラス繊維が混入されて成型されるようになった。

ガラス繊維によって耐久性が向上し、破損事故がかなり減少した。1973年、トリガー・ハンマー・メカニズム・ユニット・ボックス・ハウジング（ピストル・グリップ）の下面が閉鎖型から開放型に変更になり、湾曲していたバット・プレート（床尾板：ストックの肩に当たる部分）がフラットに近い形状に変更された。

1975年にはコッキングハンドルが改良されて新型になった。(James, *Heckler & Koch's MP5 Submachine Gun.* 72-80p)

MP5A2の構造と各部名称

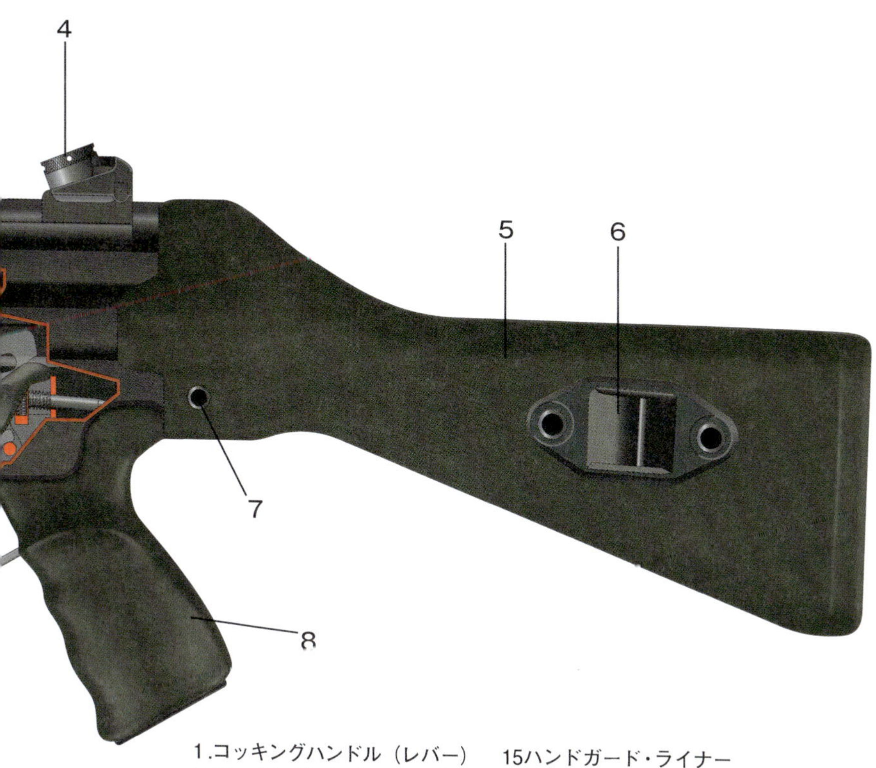

1.コッキングハンドル（レバー）
2.コッキングハンドル・サポート
3.セイフティ・キャッチ
4.回転ドラム式リアサイト
5.ストック（銃床）
6.後部スリング取り付け部
7.ストック固定ピン
8.ピストル・グリップ
9.トリガー（引き金）
10.トリガー・ガード（用心鉄）
11.マガジン
12.マガジン・フォロアー
13.マガジン内の弾薬
14.チャンバー（薬室）に装填された弾薬
15ハンドガード・ライナー
16.バレル（銃身）
17.ハンドガード
18.ハンドガード固定ピン
19.前部スリング取り付け部
20.付属品取り付け突起（※）

（※）銃口部にある3個の突起はフラッシュ・サプレッサーや空砲アダプター、マズル・コンペンセーター、グレネード発射機などの追加機材を装着するためのもの。

MP5A2機関部の構造と各部名称

21.ガイドリング
22.ボルト・キャリアー
23.ファイアリング・ピン（撃針）スプリング
24.リコイル・スプリング
25.エジェクター
26.ハンマー・スプリング
27.エジェクター・スプリング
28.シア・ロック
29.シア
30.トリガー軸
31.ハンマー（撃鉄）
32.ハンマー軸
33.エルボウ・スプリング・ローラー（L字型バネ・ローラー）
34.マガジン・キャッチの軸
35.ハンマー・アンビル
36.ロッキング・ローラー
37.ボルトヘッド
38.ファイアリング・ピン（撃針）

MP５各部の機能と特徴

マズル（銃口）：バレル（銃身）の先端部こと。正確に弾丸を射出するためにマズル・クラウン（銃口の縁の面取り）が施されている。アメリカ海軍モデルではこの後方に追加機材装着用のねじ山が切られている。

銃口外側の３つの突起：ここにブランク・アダプター（訓練用の空砲アダプター）、マズル・コンペンセーター、サプレッサーなどの付属品をバイヨネット式に取り付ける。

バレル（銃身）：ライフリングは山と谷がある一般的な形状のもので、フリーフローティング（訳注：銃身がレシーバーのみに固定され、ほかの部品に触れていない形式）のバレルはバレル・エクステンションに圧入されクロス・ピン止めされる。

フロントサイト・ベース：フロントサイトを装着するベース。バレルに圧入され接着剤で固定、さらにリベット止めされている。コッキング・チューブ、コッキング・チューブ・キャップ、前部スリング・マウントを囲んでいる。

コッキング・チューブ：レシーバー前端に溶接され、コッキングハンドルと作動メカニズム、ハンドガード固定ピン取り付け部が組み込まれている。

コッキングハンドル：ボルト・グループを後退させるためのハンドル。

レシーバー：レシーバー（機関部）は薄いスチール・プレートをプレス加工して成型されている。ボルト・グループの作動メカニズムはすべてここに収容される。

スコープ・マウント・ベース：スコープを装着するための突起。

リアサイト（照門）：ピープサイト（円孔照門）を設けた回転ドラム式で、４つのピープサイトは光の条件によって使い分ける。専用特殊工具で上下左右の調整も可能。

ストック（銃床）：ストックは、クロス・スプリング・ピンでレシーバーに固定する。固定式ストックのほか、伸縮式ストック、スリング・スイベル付き底板を装着したストックなしモデルがある。伸縮式ストックには、旧式の金属製バット・プレート（床尾板）付き、新型のポリマー製バット・プレート付き、やや長めのクラウスマン型などがある。新型の側方に折りたたむポリマー製のストックも製作された。後部スリング・スイベルはストックに取り付けられている。

トリガー・ピストル・グリップ・グループ：クロス・スプリング・ピンでレシーバーに固定されている。トリガー・ハンマー・メカニズム・ユニット・ボックスを内蔵。

トリガー・ガード：寒冷地での手袋使用などを考慮し大きめに設計されている。

トリガー（引き金）：注意点として弾薬をチャンバーに装填し、セイフティをオンにした状態で引き金を引き、この状態でセイフティをオフにすると暴発する。

セイフティ・セレクター：トリガー・ハンマー・メカニズム・セット・ボックスに組み込まれている。安全、セミオートマチック射撃、フルオートマチック射撃、2点分射、３点分射、などのモードから組み合わせを選べる。「海軍モデル」のセレクター・レバーは左右両側にある。

マガジン挿入口：トリガー・ピストル・グリップ・グループの前方に位置している。ここに、15連発または30連発マガジンを装着する。9 mm×19弾薬を用いるモデルの多くは、ここにスリング・クリップオン装着スプリングを設けている。

マガジン・リリース：弾倉を抜くためのリリース・ボタンは、マガジン挿入口の両側面にあり、加えてレバー型のリリースが挿入口後方にある。これらのリリースは連動して作動する。

エジェクション・ポート： エジェクション・ポート（排莢孔）は、レシーバーの右側面上部に設けられている。薬莢リフレクター（排出された薬莢が射手の顔に当たらないようにそらす板）がエジェクション・ポート後端に取り付けられている。

ハンドガード： バレルをカバーし、熱から手を守る。フォアアームとも呼ばれる。材質はファイバーグラスを混入したポリマー（プラスチック）製。クロス・スプリング・ピンでバレルに固定されている。スリムラインとトロピカルの２つの形状がある。初期型のスリムラインは名前のとおり細身で握りやすい。後年、幅広でバレルの冷却効果の高いトロピカルに置き換えられた。

（H&K社国際トレーニング部門n.d.：2-3P）

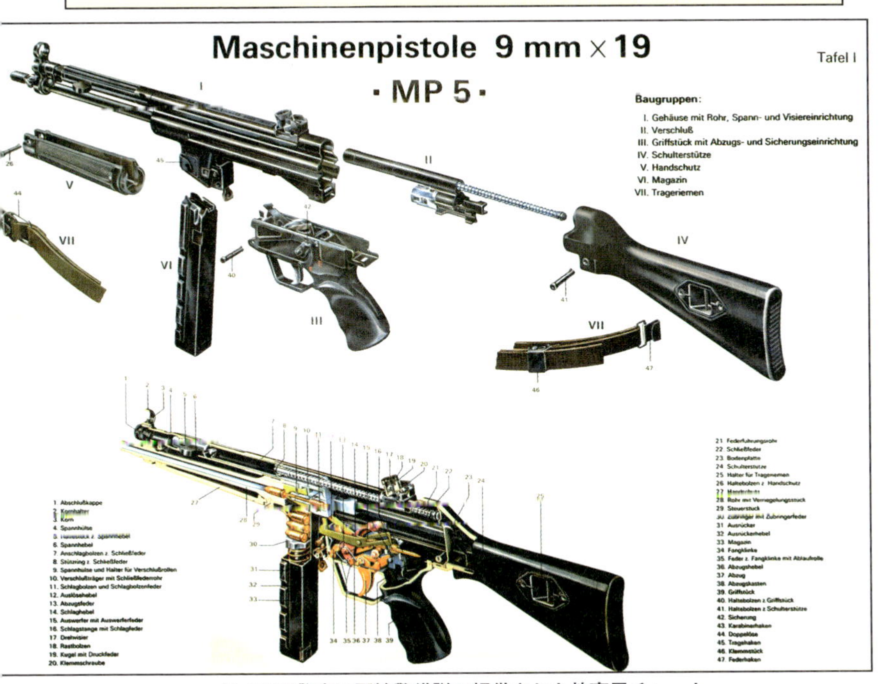

ドイツの警察や国境警備隊に提供された教育用チャート

SMGⅡサブマシンガン

MP５Kに類似したモデルがSMGⅡだ。1984年、H＆K社が「機密扱い」の特別な顧客用に開発した。小型化を最重視して設計され、バレルが完全にカバーされており、人間工学的にデザインされた前部ピストル・グリップを備えている。

MP５Kのスリング・スイベルが突き出たレシーバー後端キャップに対し、SMGIIのレシーバー後端キャップは平坦になっている。

装着された回転ドラム式リアサイトは、スタンダードのMP５のリアサイトに類似しており、ピープサイト（円孔照門）が装備されている。

SMGⅡのレシーバー上部には補助機材装着用のブラケットが２か所ある。ブラケットは、MP５と異なりより後端に位置している。このためコッキングハンドルをレシーバーの真上に設定でき、ウジ・サブマシンガンと同様に左右両側から操作できる利点がある。

レシーバー・キャップのように見えるのは伸縮式ストックのバットプレート（床尾板）だ。ストック取り付け部の左右にスリング取り付けスロットがあり、同じものがフロントサイトの基部にも設けられている。

モジュール式機関部を組み込んだMP５と異なり、SMGⅡは下部レシーバーを備えている。下部レシーバーには射撃モード・コントロール・メカニズムとマガジン挿入口、マガジン・リリース・ボタン（マガジン取り外しボタン）、ボルト・ロック・ボタンがある。

射撃モード・コントロールの表示は「０,１,３,30発」の数字

建物の掃討作戦を訓練中のアメリカ海兵隊特殊対応チームのメンバー。盾を持った「シールドマン」は拳銃、援護射撃の「カバーマン」はMP5で武装している。基地に配置された特殊対応チームとアメリカ特殊作戦軍メンバーの海兵隊隊員が最も多くMP5を使用している。(USMC)

選択式で、アメリカ海軍向けのMP５のセレクターと同様に左右両側面から操作できる。

スタンダードのマガジンは30連発容量のポリマー製。両側面にあるマガジン・リリース・ボタンは細長いトリガー・ガードの真上に位置している。

ボルト・ロック・ボタンは、サウンド・サプレッサーを使用する際にボルトを閉鎖して停止させたままにし、作動音がしないようにするためで、ブロックやその解除操作は左右両側面から行なうことができる。

M16アサルトライフルやM４カービンに採用されているものと似たフォワード・アシストがSMGⅡにも組み込まれている。汚れたチャンバー（薬室）に弾薬を強制装填するためのものだが、SMGⅡではチャンバーへの送弾をより静かに行なうためにも利用される。

SMGⅡのバレルの銃口から89mmの部分にサプレッサー装着用のねじ山が切ってある。サウンド・サプレッサーはバレルを包み込むかたちで装着される。

フリーフローティングのバレルを被うシュラウドには細長い孔が４つあり、サウンド・サプレッサーが真っすぐに正しく装着されていることを目視・確認できる。通常弾の速度を亜音速に落とすため、下部レシーバーのガスバルブ・レバーを調節して発射ガスを抜き取ることが可能だ。

H＆K社はSMGⅡの納入先や生産数を公表していない。関係筋によれば、60〜75挺ほどが製造され、対テロ任務に特化したアメリカ陸軍戦闘応用グループ（デルタフォース）やアメリカ海軍特殊戦開発グループ（SEALsチーム６）などに納入されたとされる。

SMGⅡは、のちにH&K社が開発したUMP（ユニバーサル・マシン・ピストル）に影響を与えたと考えられる。これについては後述する。

アメリカ海軍は一時期、MP５で使用する50連発容量のドラムマガジンに関心を寄せていたと言われている。おそらくSMGⅡで使用するために製作されたものだが、80年代後半に開発された100連発ダブル・ドラムマガジン、Beta社製のC-マガジンとは比べものにならなかった。

MP５-Nサブマシンガン

MP５-Nはアメリカ海軍特殊戦部隊（SEALs）のために開発され、特殊作戦に必要な機能を備えている。左右両側で操作できる３-ポジション「海軍トリガーグループ」、放射性夜光塗料のトリチウムを使った夜間用フロントサイト、ナイツ・アーマメント社製サウンド・サプレッサーを装着するねじ山付き銃身、ゴム製バット・プレート（床尾板）を取り付けた伸縮ストックなどである。

両側から操作できるトリガーグループはどちらの肩からでも射撃が容易で、ゴム製バット・プレートはフルオートマチック射撃中のほお付けを確実にした。サウンド・サプレッサー付きMP５-NはSEALsの極秘任務に適しており、船上や石油採掘プラットフォームで起きた海上テロの制圧作戦に使いやすい設計だった。

MP5-SFサブマシンガン

MP5-SFA2は、1986年にアメリカのFBIの要求で9mm×19弾薬を使用するセミオートマチック・カービン仕様に合わせて開発された。

MP5と同型だが、セミオートマチック（半自動）射撃に限定されたトリガー・ハンマー・メカニズム・ユニット・ボックスが組み込まれている。モデル名の「SF」は「シングル・ファイアー（単射/半自動射撃）」を意味する。

固定式のプラスチック製ストックがMP5-SFA2で、金属製の伸縮式ストックのモデルがMP5-SFA3だ。FBI以外のアメリカ警察でもMP5セミオートマチック・モデルを購入し、パトロール・カービンとして使用した。

イギリス・ロンドン警視庁の武装特殊部隊であるスペシャリスト・クライム&オペレーションズ（SCO19）も9mm×19弾を使用するH&Kセミオートマチック・カービンを装備している。（原著注1）

原著注1：SCO19は現在の名称で、この組織はこれまでに何度か改称されている。当初はD6、1980年代にD11に変更され、1987年にPT17になり、2012年SCO19となった。

MP5/10とMP5/40サブマシンガン

MP5に使用する弾薬は、9mm×19弾薬が最も一般的だ。だが、これ以外の弾薬を使用するMP5も存在する。MP5/10は10mm×25オート弾薬の普通弾薬と弱装弾薬を使用できるように設計された。またMP5/40は.40S&W（スミス&ウェッソン）弾薬を使用する。

MP5-SFA3で武装したロンドン警視庁の警官。ロンドンのシティ・オブ・ウェストミンスターのホワイトホール通りで。2010年撮影（M.Richardson）

10mm×25オート弾薬は、9mm×19弾薬と同様の低伸性をもち、45ACP弾薬と同様のストッピングパワーを備える弾薬としてアメリカの射撃専門家キース氏が提唱し、ブレンテン・ピストル用弾薬として、スウェーデンの弾薬メーカーのノーマ社が完成させた強力な弾薬だ。

FBIは麻薬を摂取した犯罪者に対しても十分に効果を発揮できることに注目し、この弾薬を使用するS&W社製のモデル1076セミオートマチック・ピストルを制式装備品に加えた。

当初、リボルバー用の.357マグナム弾薬より強力なスタンダード（普通弾薬）の10mm×25オート弾薬を支給したが、特別捜査官の中には強烈なリコイルを持てあます者が続出したため弱装弾を開発した。

FBIでは伝統的な武器だったトンプソン・サブマシンガンを改造し、10mm×25弾薬を使用する試みがなされた。しかし、この改造計画は失敗し、FBIはH&K社に10mm×25オート弾薬を使用できるMP5の開発と製造を打診した。この結果、誕生したのがMP5/10である。（76〜77ページの写真参照）

10mm×25オート弱装弾薬の特性は.40S&W弾薬に近い。1980年代後半、アメリカの警察は命中性能が優れストッピングパワーも大きい9mm×19弾薬と.45ACP弾薬の中間的性能を有する弾薬を求めていた。

FBI向けに開発されたMP５/10。上がMP５/10A3、下がMP５/A２。ポリマー製のストレート・ボックス・タイプ・マガジンに注目。これらはダブル・タップ（２発連射）射撃を簡単に行なえるように２点分射モードを備えている。（CSSA, INC）

.40S&W弾薬はこの要望に応えてS&W社が開発し、1990年に発売されると数年で高い支持を獲得した。FBIも10mm×25オート弾薬を使用するS&Wモデル1076セミオートマチック・ピストルの使用を中止。代わって射撃しやすい.40S&W弾薬を使用するグロック22ピストルを採用している。

MP５/10とMP５/40はいずれも1992年に導入された。

口径以外にもMP５/10とMP５/40には、９mm口径のスタンダードMP５から変更された部分がある。ボルトを後退位置で停止させるホールド・オープン機能を備えている点だ。

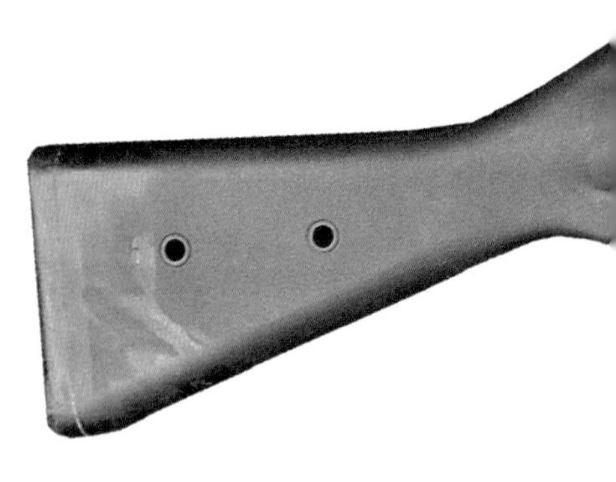

ホールド・オープン機能は、ボルト・キャッチ・レバーを操作して、ボルトを素早く前進させることもできる。新たなマガジンを装着後ただちに射撃を続行できるので、戦闘では有利に働く。

このメカニズムを組み込んだMP５は、レシーバーの形状が変更された。同時にトリガー・ハンマー・メカニズム・ユニット・ボックスもボルト・キャッチを取り付けられるよう改良された。

10mm×25オート弾薬と.40S&W弾薬に対応させたエジェクターも組み込まれている。MP５/10は、フルオートマチック射撃、セミオートマチック射撃、３点分射のセレクターが標準だ。

『ジェーンズ歩兵兵器年鑑』によれば、とくにMP５/10では、「ダブルタップ（ターゲットに続けて２発撃つこと）」が容易にできる２点分射機能がオプションとして開発されたという。強力な10mm×25オート弾薬を長く連射すると、反動で銃の跳ね上がりが大きくなることを防ぐのも理由のひとつであろう。

（Jones, *Jane's Infantry Weapons, 2007–2008.* 113p）

MP５/10とMP５/40は、サウンド・サプレッサーの使用を前

MP５/40サブマシンガンの右側面には「安全」「３点分射」「フルオートマチック」を示す図柄のセレクター表示がある。フラッシュライトを組み込んだシュアーファイア社製ハンドガードが装着されている。MP５/40は警察機関向けに制式ピストルと同じ弾薬をできるように設計され、なかでもアメリカ麻薬取締局（DEA：Drug Enforcement Administration）がいち早く関心を示した。(C&S)

提にバレル先端部分にねじ山が切られている。多くのMP５のスタンダード・モデルがマガジン挿入部の右側面にマガジン・リリース・ボタンを、マガジン装着口の後方にレバー・タイプのマガジン・キャッチを併設しているのと同様に、MP５/10とMP５/40は、マガジン・リリース・ボタンとともに多くのライフルに利用されるレバー・タイプのマガジン・キャッチがマガジン装着口後方に設けられた（上の写真参照）。オプションでトリチウム夜光塗料を用いた夜間照準器もある。

MP５/10とMP５/40のボルト・グループの部品は、９mm口径のMP５と同一のものもある。それらは、ファイアリングピン（撃針）、ファイアリングピン・スプリング、ワイヤー・スプリング・ローラー・ホールダー、エキストラクター・スプリングなどだ。

一方、MP５/10とMP５/40に特有の部品は、ボルトキャリアー、ボルトヘッド、リコイル・スプリング、ガイド・ロッド・アセンブリー、ロッキング・ピース、エキストラクター、ロッキング・ローラー、ロッキング・ローラー・ホールダーなどで、これらは９mm口径のスタンダードMP５の部品と互換性がない。

強力な10mm×25オート弾薬に対応させ、5.56mm×45弾薬を使用するNATO弾HK53アサルトライフルのリコイル・スプリングを用いている。

このほかの相違点は、ボルトヘッドのローラーで、上下の長さが従来より短い。これは.40S&W弾薬と10mm×25オート弾薬の薬莢底面（包底面）は、９mm×19弾薬のものより直径が大きいため、ボルトヘッドの中心部を低くし薬莢底面との接触面を大きくするためだ。この改良によって弾薬の送弾がより確実になった。ボルトキャリアーには、ホールド・オープンを作動させる突起も追加された。

10mm×25オート弾薬の普通弾薬と弱装弾薬では、射撃反動に大きな違いがある。これに対応して、H＆K社は２種類のボルト・グループを供給している。射撃反動の異なる弾薬に対応して、ロッキング部品は四隅の角度が異なり、ボルトを開放するエネルギーとボルトが動き出すまでの時間をコントロールしている。

MP５/40のロッキング部品の場合、角度が80度に設定されている。MP５/10のロッキング部品は、普通弾薬用が60度、弱装弾薬用が90度に設定された。識別のため、MP５/40のロッキン

このクローズアップ写真には、ボルトヘッドに組み込まれたロッキング・ローラーが見える。発射の際に発生するガスの圧力が安全なレベルに低下するまで、このローラーがバレル・エクステンションの凹部に押し込まれハーフ・ロックしボルトの後退を遅らせる仕組みだ。(C&S)

グ部品は「26」、MP5/10の普通弾薬用ロッキング部品は「HI25」、弱装弾薬用は「LO24」とそれぞれ刻印されている。

(原著注2)

弱装弾用の「LO24」を組み込んだ銃で普通弾薬を撃っても作動するが、リコイル・バッファーを損傷したり損耗が早くなったりする可能性がある。

普通弾用「HI25」を組み込んだ銃で弱装弾を撃つと作動不良を起こすことがある。H&K社が発行した兵器係向けの解説マニュアルは、10mm×25オート弾薬の普通弾薬と弱装弾薬に対応するロッキング部品に関し4ページを割いて解説している。

そこでは、10mm×25オート弾薬の弾丸タイプと重量、製造会社コード、銃口初速がリスト化され、それぞれの弾薬に対応するロッキング部品が細かく指定されている。したがってMP５/10を使用するには、弾薬とロッキング部品の正しい組み合わせに注意が必要で、経験豊かな兵器係が不可欠だ。

MP５/10とMP５/40用のマガジンは半透明のポリマー製で、残弾確認が素早くできる。マガジン側面のスナップでマガジン同士を連結でき、スペア・マガジンの携帯を容易にしている。

連結機能は最初、スイスのStgw 90（SIG SG550）アサルトライフルと同じ留め具を穴に差し込むタイプだったが、クランプに改良された。

熟練した射手は２本のマガジンを束ねて携帯することで、素早く再装填し射撃を継続することが可能になる。

マガジンはストレート・ボックス・タイプで、重い10mmオート弾薬や.40S&W弾薬を使用しても負担を軽減できるようポリマーで製作され、９mm口径用の金属製マガジンに比べ30パーセント軽量化されている。

MP５のマガジンのように湾曲していないことと全長が長くなったことで、マガジン・リップ（弾薬挿入口）に変更が加えられた。

FBIは最終的に5000挺のMP５/10を調達したと伝えられている。H&K社はFBIをはじめとするMP５/10のユーザーをサポートするため予備部品も製作した。

最新のH&K社スペア・パーツ・カタログにMP５/10用予備部品の記載はない。載っているのは、.40S&W弾薬口径のMP５/40と.357SIG弾薬口径のMP５/357用の予備部品のみだ。.357SIG弾薬口径のMP５/357は一部のアメリカ連邦政府機関が使用している。

.357SIG弾薬は.40S&W弾薬をネックダウン（訳注：より口径の小さな弾丸を装着できるように薬莢の先端部を細く絞ること）し、ここに９mm弾丸を装着したものなので、MP５/40のバレルを変更するだけで使用できる。

FBIの特殊部隊の人質救出チーム（Hostage Rescue Team：HRT）は、現在もMP５/10を使用しており、残りも武器庫に保管されているだろう。しかし数年前、人質救出チームの主要武装は、MP５/10や９mm口径のMP５から5.56mm×45弾薬を使用するAR15のカービン・モデルに換装された。

原著注２：MP５の特殊モデルに使われるロッキング部品にはそれぞれに専用のものがあり、識別のためにMP５SD用は「5」または「SD」。MP５K用は「16」。PDW用は「80」。MP５/40用は「26」と刻印されている。.40S&W弾薬と10mm×25オート弱装弾薬の射撃反動は同程度なので、MP５/10の10mm×25オート弱装弾薬用の「LO24」ロッキング部品をMP５/40に使用することも可能だ。

MP５FとMP５E２サブマシンガン

MP５Fは、MP５派生型の中でとくに注目に値する。長年使用されて判明した耐久性の問題を改善した強化型で、一般にフランス供給モデルとして知られている。

アメリカ軍と多くの法執行機関もMP５Fを採用した。1998年に発売されたMP５Fに加えられた改修は、過去25年で最も大きな設計変更だった。

この設計変更はフランス国家憲兵隊（ジャンダルム）の要求に沿って行なわれた。モデル名称の「F」は「France」を意味する。MP５FのH＆K社内での識別名称はMP５E2である。

設計変更の多くはジャンダルムが９mm×19「強装弾薬（普通弾より高い弾丸発射ガス圧力を備え、より高い弾丸初速を得られるよう製造された弾薬で、一般にプラスP弾薬と呼ばれる：+P）」を使用していたことに起因する。

耐久試験用に再設計された10挺のMP５E２は、部品破損は許されず、作動不良の発生も最低限とする条件のもとで、９mm×19強装弾薬4万発ずつの発射試験が課された。（Schatz, *Small Arms Review*. 64p）

MP５Fには内部および外見上の変更が加えられた。外見で最も目立つ改良点は、厚さ15.5mmのゴム製バット・プレート（床尾板）パッドだ。新型のバット・プレートは、射撃の際の肩への反動を和らげるとともに滑りにくくするもので、バット・プレート部分が延長されたため、ストック収納時の全長が17.5mm長くなった。金属部分を含めたバット・プレート部分は強化され、上下幅も25.4mm延長されたことで、ストック全体の剛性が増し、射撃中の安定性も向上した。

G36アサルトライフルやUMPサブマシンガンで使用される戦術用スリングを取り付けるため、フロントサイトの基部、伸縮式ストックのバット・プレート下部にスリング取り付けポイントが追加された。(Schatz 2000. 65p)

内部の設計変更の大半はボルト・グループ部分に加えられた。従来のMP５のロッキング・ローラー・ホールダーは、長期使用すると破損することが知られていた。これは、分解作業

H&社製マウントに1.5～6倍スコープと、BETA社製100連発ドラムマガジン（C-Mag）を装着したMP５A３。ストックは収納状態。（L.Thompson）

時にボルトヘッドからロッキング・ローラーが脱落しないようにする部品で、射撃そのものには必要ないが、MP５Fはこの部分も補強され破損しにくくなった。たまに破損するファイアリングピン（撃針）スプリングも、従来の単一コイル・スプリングから複巻線コイル・スプリングに交換され耐用年数が延びた。ファイアリングピン・スプリングには銃を落とした際の暴発を防ぐ効果もあり、反発力の大きい複巻線コイル・スプリングにより安全性が向上した。耐久性のあるエキストラクターも新たに開発された。(Schatz, *Small Arms Review*. 67p)

MP５Fのボルト・キャリーは、MP５/10やMP５/40向けに開発された反発力の大きいリコイル・スプリングを使えるよう改修された。

頻繁なマガジンの交換でマガジン・リリース・レバーが摩耗するのを防ぐため、MP５には短いマガジン・リリース・レバーが使われている。この部品もMP５/10やMP５/40のマガジン・リリースを流用した。フランス製９mm×19強装弾薬の射撃反動は強く、前進させたコッキングハンドルが射撃時に定位置から動かないようにする必要があった。これもMP５/10とMP５/40用に開発された2点の部品で構成されるコッキングハンドルが転用された。(Schatz, *Small Arms Review*. 67-68p)

MP５Fに加えられた改良は、現在製造されるすべてのモデルに標準装備されている。９mm×19強装弾薬を使用するアメリカ連邦政府組織の中には、MP５Fがフランスに納入される以前から同様の改良を加えた強化型のMP５を採用していたところもある。アメリカで使われているMP５E２には、延長型セレクター・スイッチが追加されている。

付属装備品

1970年代初頭から半ばにかけMP５のレシーバー上部に改修が加えられた。この改修により、光学照準器、照明器、ポインター用各種マウントが装着できるようになった。なかでもH&K社製マウントは、7.62mm×51口径のG３アサルトライフル用に開発されたもので、スプリング内蔵のブロックでレシーバーに密着させる着脱式だ。

もともとライフルの強い反動に耐えられるよう設計されたマウント・システムなので、照準点を合わせてゼロ・インしたスコープの照準がずれることはまずない。スコープを装着しても

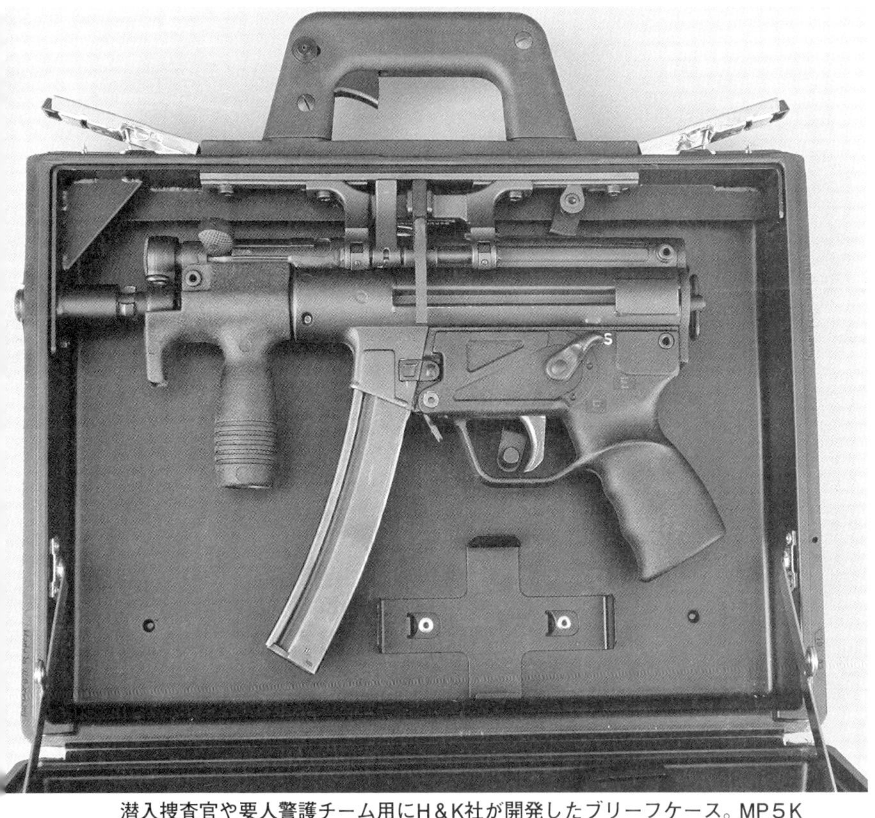

潜入捜査官や要人警護チーム用にH＆K社が開発したブリーフケース。MP５Kを中に隠して携行するためのものだ。ブリーフケースには銃口を出す穴があり、ブリーフケースのハンドル内側のトリガー（引き金）はレバーで内部のサブマシンガンのトリガーにつながっており、そのまま射撃できる。（C&S）

マウントの下のブリッジを通し、銃本体の金属製の照星と照門（アイアン・サイト）がそのままで使用できる。

MP５の光学照準器は、シュミット&ベンダー社の開口径25mmの４倍スコープやヘンゾルト社製の開口径25mmの４倍スコープがよく使われる。G３用に設計されたツァイス社製の1.5〜６倍可変倍率スコープもときおり見かける。夜間照準器を取り付けることも可能だ。

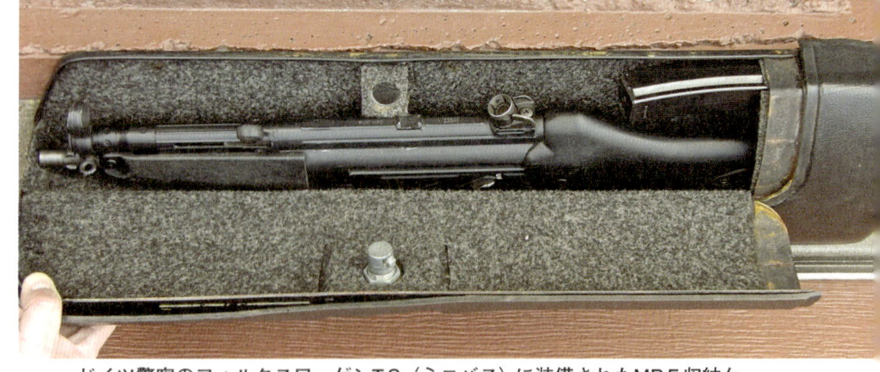

ドイツ警察のフォルクスワーゲンT３（ミニバス）に装備されたMP５収納ケース。蓋を開けた状態。現用の湾曲マガジンではなく、旧式のストレート・マガジン用のケースだ。(C&S)

クロー（爪）式マウントを使えば、ハンドガードの下にフラッシュライトやレーザー照準器も装着できる。最近ではクロー式マウントに代わり、フラッシュライトを組み込んだシュアーフェイアー社製ハンドガード（フォーラーム＝先台）を使用する法執行機関や特殊作戦部隊も多い。

フラッシュライトはハンドガードに設けられたプレッシャー（加圧）スイッチで点滅できる。

MP５サブマシンガンの秘匿携帯

1978年、MP５K用の秘匿携帯ブリーフケースが３種類開発された。ブリーフケースのハンドルの内側にトリガーがあり、銃を取り出さずにケースをターゲットに向けてそのまま射撃できる。

左右両面にセレクターがあるモデルには使用できない。このブリーフケースは要人警護チームなどが好んで使った。秘匿携帯のためにMP５Kを服の下に吊り下げるショルダー・ホルスターも作られた。

ドイツ警察簡易装甲車両のドアの銃眼を利用してMP5を射撃する。同車両のドアにはMP5用のホルダーが装備されている。(Tokoi/Jinbo)

訓練用MP５

多くの軍や法執行機関がMP５を採用するにつれ、訓練用モデルの需要も増えていった。H＆K社は1970年に.22ロングライフル弾薬への転換キットを発売した。

これはインサート・バレルとリコイル・スプリングを含むボルト・グループ、20発容量のマガジン２個がセットになっており、低コストで室内での射撃訓練ができる。

射撃反動が異なり使用感が違うことや信頼性に問題があり、生産数は400セットに満たなかった。

1984年に開発されたMP５T（Tはトレーニングの意）は、ダイナミット・ノーベル社製のプラスチック弾を使用する効果的な接近射撃や模擬戦闘訓練用モデルだ。

レシーバーの左右側面に青で「プラスチック弾のみ」と書か

グロック・ピストル用のシミュニッション・キット（訓練用の非致死性弾薬キット）。「ブルー・グロック」は訓練弾を発射する模擬戦闘訓練モデル。白とオレンジの箱は非致死性弾薬。左は訓練時に着用する首と顔面の防具。（T.J.Mulin）

ポリマー製のMP５の「レッド・ガン」。ASP社の製品で基本的な作戦行動や戦技の習得と技量錬成のために利用される。基本動作と技術をマスターした後に模擬弾を発射する「ブルー・ガン」に移行する。最終段階で施設が整っている射撃場で実包による射撃訓練を行なう。(L.Thompson)

れ、コッキングハンドルも青色になっている。MP５Tのボルトヘッドにはロッキング・ローラーがないので実包は射撃できない。この訓練弾薬はプラスチック製弾丸が秒速213mで約170m遠方まで飛翔する性能があり、使用時には実包と同様の注意が必要だ。

フルパワーの９mm×19弾薬に近い反動の再現とサブマシンガンを実包同様に作動させるため、「T」モデルにはバレルにフローティング・チャンバーが組み込まれている。

訓練専用のMP５Tの代わりに、多くの警察組織で使われているのがシミュニッション転換キットだ。通常のMP５のレシーバー部分をこの弾薬用のものに交換し、染料入り弾丸を装着した訓練用弾薬を発射できるようにするもので、模擬戦闘訓練で使われる。

この場合もマスクと防護衣が必要だ。シミュニッションが広く使われるようになったため、MP５、MP５SD、MP５K用の転換キットも作られるようになった。

MP５の「レッド・ガン」モデルも有益な訓練機材だ。ポリス・バトン（警棒）などを製造するアーマメント・システムズ・アンド・プロシージャー社（ASP）の製品で、MP５A２の外見を正確にコピーしたポリマー製の無作動模擬銃だ。

射撃が不要だったり危険が予想されたりする場合、たとえば建物やバス、航空機、船舶を急襲する際の手順やチームワークを習得する訓練に最適な機材だ。ASP社はこのほか、マガジンの着脱手順を訓練するポリマー製のMP５用のレッド・マガジンも製造している。

民間向けのMP５の類似モデル

少数の例外を除き、アメリカに輸入されたフルオートマチック射撃ができるオリジナルのMP５はバレルの長さの規制もあるため、民間人が簡単に購入できない。そこで民間の需要に向け、合法的に市販できる２種類のセミオートマチック（半自動）射撃限定モデルが作られた。

長さ420mmのバレルをもつHK94セミオートマチック・カービンだが、長すぎるバレルが不格好だと不評だったため、いくつかの「修正案」が考え出された。

ひとつは機能がないサウンド・サプレッサー状のバレル・ジャケットを装着しMP５SDに見せかける方法。もうひとつは、アルコール・タバコ・火器および爆発物取締局（BATEF）に短銃身ライフル（SBR）として登録し、サブマシンガンと同じ長さにバレルを切りつめる方法だ。

現実には多くのHK94は登録済みのオートマチック・シア（訳

者注：フルオート射撃を可能にする部品で、BATEFに登録された合法品）を組み込み、フルオートマチックに切り替え可能な「MP５」に改造された。

このため、民間マーケットではオリジナルのHK94はほとんど見かけない。アメリカ連邦政府の銃規制法は複雑をきわめているが、正規に登録すれば、セミオートマチックからフルオートマチックに改造した小火器を合法的に所持可能だ。実際に本書の写真撮影では「オートマチック・シア」を組み入れた改造MP５も使用した。

アメリカの民間需要を狙ったもうひとつの製品はMP５Kにそっくりなsp89セミオートマチック・ピストルで、ストックがないため法律上はセミオートマチック・ピストルに区分された。

ピストルとして販売されるため、ストックやハンドガードに独立したピストル・グリップは装着できない。誤って手が銃口の前に出ないよう、安全のための小さな突起がハンドガードについている。

SP89は、5年間だけアメリカに輸入、市販されたが、その多くは、HK94同様、合法オートマチック・シアを組み入れてサブマシンガンに改造された。

H&K VP70ピストル

H&K社はMP５に加え、1970年からほぼ20年にわたりVP70ピストルを生産した。

「VP」はドイツ語で「フォルクス・ピストル（人民ピストル）」と「フルオートマチック・ピストル」の２つの意味をかけ合わせて名づけられた。

VP70は多くの点で画期的な製品だった。VP70ピストルは、1982年に発売されて大成功を収めたグロック・ピストルに10年も先んじてポリマー製フレームを採用していた。また当時、VP70のマガジンは装弾数が18発もあり、ほかを圧倒していた。

初弾のみダブル・アクションで、２発目以降はトリガー・プルが軽くなるシングル・アクションのコンベンショナル・ダブルアクションが主流だった時代に、VP70は毎回の撃発に長いトリガー・プルが必要なダブル・アクショントリガーが組み込まれていた。

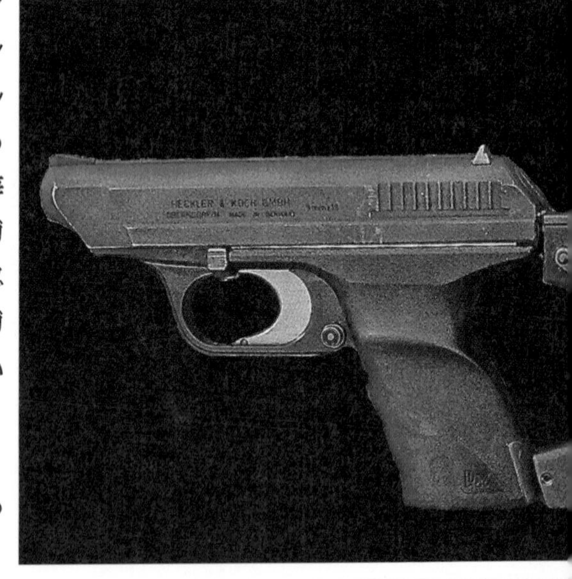

これもある意味で、現在主流となっているダブル・アクション・

オンリー・ピストルを先取りしたものだった。

VP70は、トリガー・プルが長く暴発の危険が少ないが、トリガーをブロックするクロスボルト・タイプのセイフティも組み込まれている。

VP70は1970年から1989年まで生産が続けられ、モロッコ、パラグアイ、ポルトガルなどで軍や警察に採用された。

ホルスターを兼ねるプラスチック製ストックは取り扱いが面倒で、多くのユーザーはMP５などのサブマシンガンを購入した。

任務の都合でコンパクトさが優先される場合も、VP70よりMP５Kが好まれた。アメリカには相当数のセミオートマチック射撃限定モデルのVP70Zが民間需要向けに輸入されたが、後年登場したH＆K社製ピストルの人気には及ばなかった。

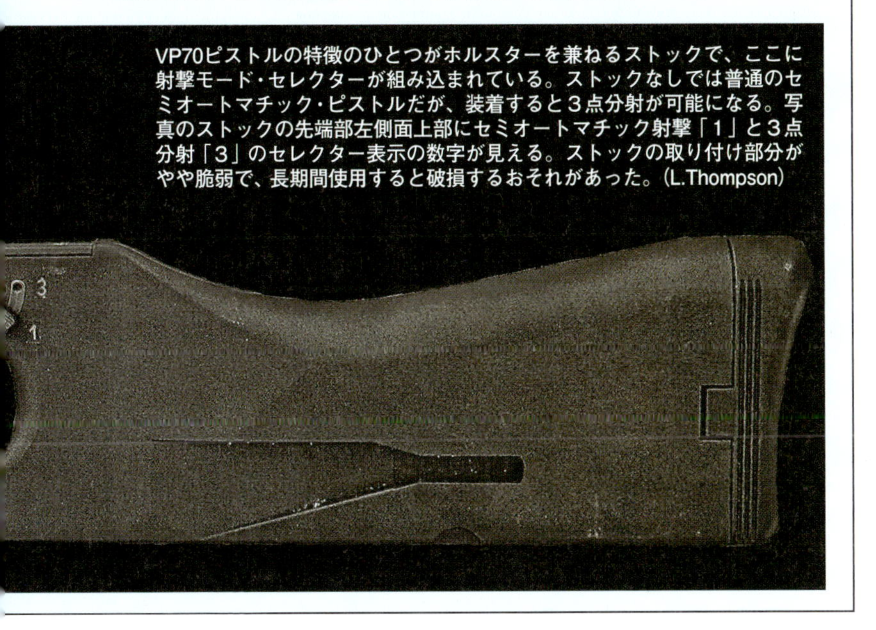

VP70ピストルの特徴のひとつがホルスターを兼ねるストックで、ここに射撃モード・セレクターが組み込まれている。ストックなしでは普通のセミオートマチック・ピストルだが、装着すると３点分射が可能になる。写真のストックの先端部左側面上部にセミオートマチック射撃「１」と３点分射「３」のセレクター表示の数字が見える。ストックの取り付け部分がやや脆弱で、長期間使用すると破損するおそれがあった。（L.Thompson）

第2章

MP5の精密フルオート射撃

MP５/10を撃つティア・ワン（米軍最上級特殊部隊）の隊員。射撃反動の大きな10mm口径モデルをフルオートマチック射撃するため、深い前傾姿勢をとっている（セレクターがフルオートマチックにセットされていることに注目）。MP５/10サブマシンガンは正確な射撃と優れた貫通性能で知られている。H＆K社は需要の低迷からMP５/10サブマシンガンの製造を打ち切ったが、性能に満足していたFBIの人質救出チーム（HRT）やSWAT部隊は、製造中止後もしばらく使用した。（CSSA,Inc.）

MP５の操作方法

1960年代に開発されたほかの多くのサブマシンガンと異なり、MP５は精密射撃に適したクローズドボルト方式を採用している。

簡単に言うと、オープンボルト方式のサブマシンガンは、トリガー（引き金）を引くとファイアリング・ピン（撃針）を前面に装備したボルトそのものがマガジンからバレル（銃身）のチャンバー（薬室）に弾薬を送り込みながら前進する。これに対し、クローズドボルト方式は、事前にボルトを前進させチャンバーに弾薬を送り込んでおき、トリガーを引いてハンマー（撃鉄）を前進させてファイアリング・ピンを叩く。

オープンボルト方式の場合、重量のあるボルトが移動し閉鎖と同時に弾丸が発射される。ボルトがチャンバー後面にぶつかる衝撃と、発射直後に発生する反動のために狙いを維持することが難しい。

クローズドボルトから射撃するMP５のほうが、とくにセミオートマチック射撃で、弾丸が銃口を離れるまでターゲットに照準を合わせ続けることが容易だ。

他方、クローズドボルト方式のフルオートマチック射撃火器の欠点が「コックオフ」と呼ばれる暴発現象だ。これは、射撃を続けて薬室が摂氏250度以上に過熱すると、装填された弾薬の火薬が１分ほどで発火し、トリガーを引かないのに弾丸が発射されてしまう現象だ。

しかし９mm×19弾薬の実用的な連射では、これほどの高温は発生しないことが実証されており、訓練や通常の試験における連続発射でMP５がコックオフを起こした記録はない。

シンガポール沿岸警備隊とアメリカ海兵隊の艦隊付き対テロ治安チーム（FAST）が合同で行なった船舶臨検・掃討訓練の模様。2011年8月撮影。手前のMP５には空砲発射アダプターが装着されている。MP５のストック付け根部分に巻かれているブルーのテープは、マガジンにも薬室にも実弾が装填されていないことを示す。（USMC）

MP５のボルトが閉鎖すると先端部が、レシーバー先端に溶接されたバレル・エクステンションとかみ合う。G３アサルトライフル同様、MP５のボルトはローラーを内蔵したボルトヘッドとボルトキャリアーで構成されている。

弾薬が装填され発射準備が整った状態では、ボルトキャリアーがボルトヘッドに密着している。ボルトが前進する際の跳ね返りを防ぐため、リコイル・スプリング・チューブ下面のキャリアー部分には顆粒状タングステンが添付されている。

これによってキャリアーの前進速度が落ちボルトの衝撃が弱

MP５の射撃手順

通常、MP５は胸の位置にスリングで吊るすか、銃口を下げいつでも撃てる状態で携行する。固定ストック装備のMP５A２ならそのまま射撃可能だ。

写真❶❷狭い車両内などでMP５A３のショルダーストックが収納されていれば、レシーバーの後端にあるレバーを押してストックを引き出す。

写真❸次にマガジンを挿入し、底板を叩いてマガジンが銃に確実に装着されていることを確認する。薬室に弾薬を装填せずにボルトを前進させた状態で携行する場合、30連発マガジンに30発装弾するとマガジンが完全に装着されないことがあるから1発少ない29発を装弾する。

写真❹緊急事態が予想される場合以外、マガジン装着後もバレルのチャンバー（薬室）に弾薬を装填しない。セレクターをどのモードにセットするかは射手が決める。安全にセットして携帯する場合は、初弾を装填する

時に、セレクターもセミオートマチックかフルオートマチック・モードを選択しセットする。熟練すると装填とモードの切り替えが同時に行なえる。

写真❺装填と同時に撃てるように、セレクターを事前にセミオートマチックかフルオートマチックのモードにセットしておく射手もいる。チャンバーに弾薬を装填して携帯する場合、セレクターは確実に安全にセットする。弾薬を装填しセレクターで射撃モードを選択したら、照準を定める。

写真❻❼戦闘では短連射によって、各ターゲットを2～３発ずつ射撃する。トリガーを素早くゆるめて連射をコントロールする。組み込まれていれば、３点分射モードを利用する。

写真❽.40S&W弾薬や10mm弾薬を使用するモデルを除き、MP５にはボルト・ホールドオープン機能（最終弾を撃ち終わったあとボルトを後退位置に保持する）がない。射手は空になったマガジンを抜き、装填手順を繰り返す。

められる。ロッキング・ピース前面の傾斜に沿って、ローラーはボルト左右に突き出てバレル・エクステンションの凹部に押し込まれ、ボルトを「ロック」する。

弾薬が撃発されて弾丸がバレル内を進むと、バレル内に高圧の発射ガスが充満する。このガスの圧力がボルトヘッド前面を後方に押す。

だが、強力なリコイルス・プリングの圧力をうけて、ボルトの左右に突き出したローラーがバレルエクステンションの凹みに入ってハーフ・ロックの状態になっているため、ボルトは簡単に後退しない。

バレルエクステンションの凹みは後方が傾斜しており、後退しようとするボルトの圧力とバレルエクステンションの傾斜からの圧力を受けたローラーは、ローラーにリコイル・スプリングの圧力を伝えているロッキング・ピース前面の斜面を後方に押し戻しながらボルト内に収納される。ボルトはフリーになりボルトキャリアーとともに後退を始める。

このプロセスはチャンバー内の薬莢がバレル内の高い圧力でボルトヘッドを１mm後退させる間に起こる。ボルトが１mm後退すると圧力を受けたローラーは、バレルエクステンションの凹みの後方傾斜からも圧力を受け、これらの圧力でロッキング・ピースを４mm後退させボルトヘッドとロッキング・ピースの間にローラーを収納できるスペースが生じるのだ。

MP５のローラーはボルトを完全に閉鎖するものではなく、ボルトの後退を「遅延させる」メカニズムだとする銃器専門家もいる。（Nelson & Musgrave. *The World's Machine Pistols and Submachine Guns.* 409p）

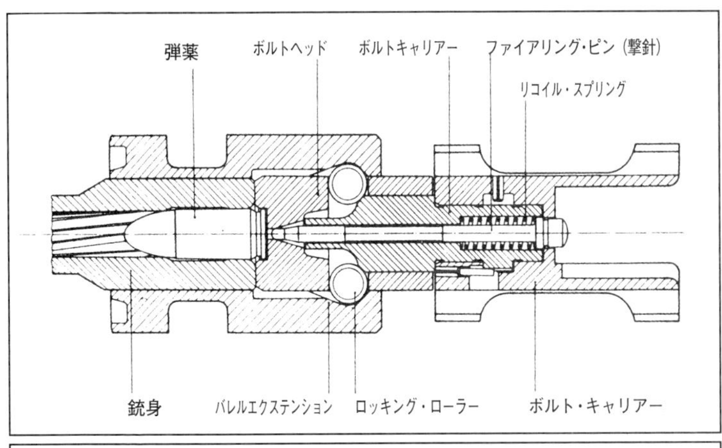

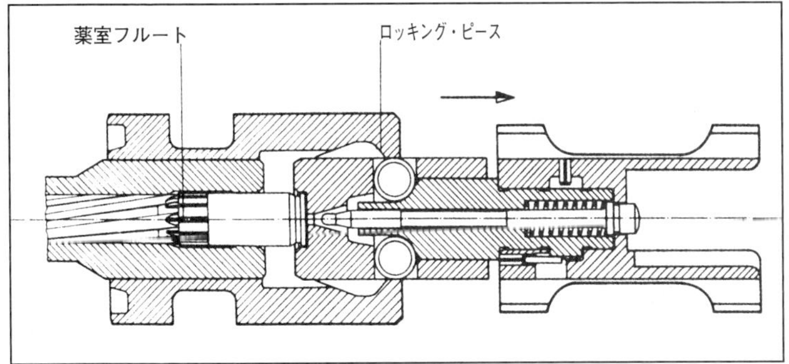

MP5のローラー・ロックのシステム

（監訳者注：ボルトを完全に閉鎖するものではなく、ボルトの後退を「遅延させる」メカニズムだとする説は正しい）

MP５をはじめとするG３アサルトライフルから派生した銃器のローラーは、ボルト側面からの突き出し量がローラーの中心軸まで達していない。ローラーは完全にロックされた状態でなくハーフ・ロック＝半閉鎖の状態になっている。そのため固定式バレルでありながら、ガスピストンなどの外力なしにロックが解除され、ボルトが後退できる。言い換えるとMP５のローラーはボルトを完全に閉鎖するものではなく、ボルトの後退を「遅延させる」メカニズムだ。

一方、ローラーがボルト側面から中心軸を越えて突き出しているとフル・ロック＝完全閉鎖となる、MG42マシンガンがこのケースだ。MG42のボルトの構造は、G３アサルトライフルやその派生型銃器とよく似ている。

にもかかわらずローラーが完全にロックされたフル・ロックのため、いくらバレル内の圧力が高くなってもボルトは後退しない。MG42はフル・ロックされたローラーを解除しボルト内に収納するためにショート・リコイルするバレルを組み込んだ。ショート・リコイルするバレルから得る外からの力によってフル・ロックされたローラーを動かしてロックを解除する。

いずれにせよ、この遅延プロセスによって、薬莢が薬室から引き出されボルトが開放される前にバレル内の発射ガスの圧力は安全なレベルまで下がっている。

重いボルトキャリアーは、後退する慣性で発射ガスの圧力が低下したバレルから発射済みの空薬莢を引き出すために必要となる。ボルトが完全に後退し空薬莢が排出されると、圧縮された復座バネの力でボルトが前進しマガジンから次弾をチャンバーに送り込む。ボルトが前進しきると再びローラーがボルト側面から突き出してバレルエクステンションの凹部にはまりボルトを閉鎖（半閉鎖）する。

MP５の作動メカニズム

2007～2008年版『ジェーン歩兵兵器年鑑』には、MP５の使用法に関するより技術的な記述がある。

ボルトは２つの部分からなり、ローラーはボルトヘッドから突出している。射撃準備が整った状態では、より重量のあるボルトキャリアーはボルトヘッドに密着している。ロッキング・ピース前面の斜面がローラーをバレル・エクステンションの凹部に押し込む。(83ページの図参照)

発射ガスの圧力がボルトヘッドを後方に押し返そうとするが、この溝にはまったローラーに阻まれて動くことができない。

凹部の角度とボルト本体の傾斜面は、ボルトとボルトヘッドの後退速度が４対１になるよう設計されている。ボルトヘッドが１mm動く間にボルトそのものは４mm以上動く。

圧力に負けロッキング・ローラーがボルト内部に引っ込むと、ボルトヘッドとボルトキャリアーは一体となって後退する。

このときエキストラクターにフックされた空薬莢はエジェクターによって右側面の排莢孔から排出される。

後退運動で圧縮された復座バネの力でボルトが前進し、ボルトヘッドは次弾を薬室に装填して停止する。

ボルト本体は前進を続け、ロッキング・ピースの傾斜面がローラーをバレル・エクステンションの凹部に押し込む。ボルト本体がボルトヘッドに密着すると次弾発射の準備が整う。(Jones, *Jane's Infantry Weapons, 2007–2008*.112p)

MP５のバレル（銃身）は精密加工が可能なコールドハンマ

MP５のリアサイトは４つの円孔照門がある回転式で、射手が光量を調節できる。これらの照門は射撃距離に対応するものではない。精密に照準するか、あるいはターゲットをより迅速に捉えるかで使い分ける。ごく初期のモデルでは、Lフリップ（跳ね上げ式）リアサイトがかなり前方のマガジン挿入口上部に位置していたが、1966年までに現在の回転式リアサイトに改められた。発光トリチウムを用いた夜間サイトをフロントサイトとリアサイトに装着することもできる。(C&S)

リング鍛造（監訳者注：加工材料に心金を入れ、外部から複数のハンマーで大きな圧力をかけて、バレルを室温で加工する工法。冷間鍛造ともいう）で作られる。

レシーバーに装着されたバレルは、ハンドガードなどに接触していないフリーフローティング方式のため、バレルの振動がストックに伝播せず高い命中精度が得られる。

MP５はダブル・カーラムでストレート・タイプのボックス・マガジンを1977年まで使用していた。

1977年以降はやや湾曲したバナナ型のマガジンに変更された。理由はダイナミット・ノーベル社製ブリッツ・アクション・トラウマ（BAT）などの特殊弾薬の送弾機能を向上させ信

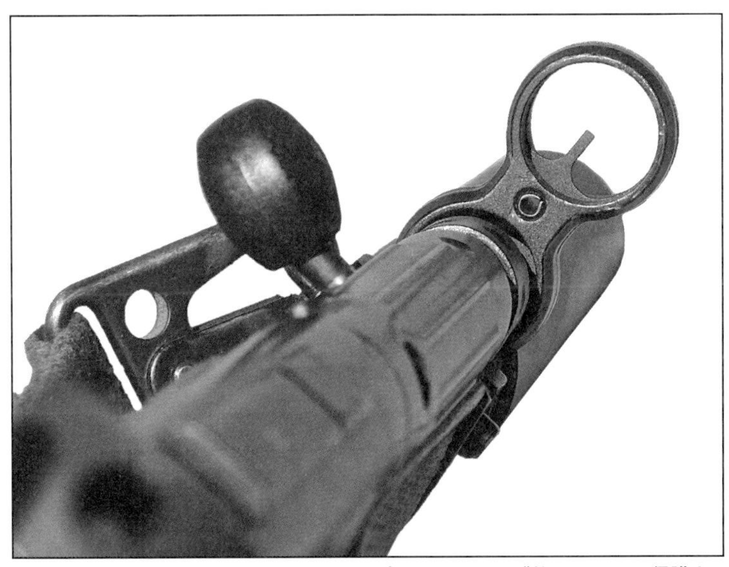

MP５のフロントサイトのクローズアップ。照星はリング状のフードで保護されている。このリングは迅速な照準にも役立つ。MP５のフロントサイトやリアサイトは、ほかの多くのサブマシンガンのものより優れている。MP５の照準は出荷時、25メートルの射程距離に設定されている。(L.Thompson)

頼性を高めることが目的だったとされる。

ベータ社ではMP５用に装弾数が多いC-マガジン（100連発センチュリー・マガジン）を製造している。

MP５は、モジュール構造で設計されており、ショルダーストックやトリガー・グリップ・グループを交換することで異なるモデルに容易に変更できる。

モジュールはバレル/レシーバー・グループ、ボルト/ボルトキャリアー・グループ、トリガー・ハンマー・ユニット/グリップ・グループ、ショルダーストック、ハンドガード（フォーラーム）、マガジンの六つの基本的なコンポーネントで構成されている。

これらのうちトリガー・ハンマー・ユニット/グリップ・グル

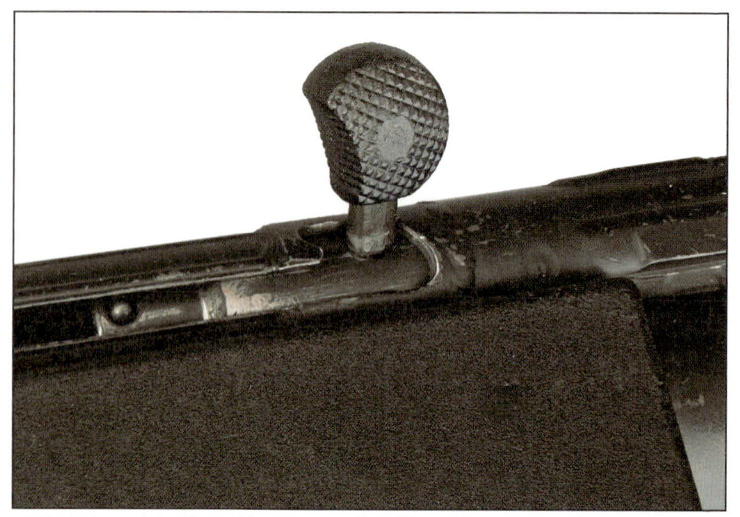

MP５のコッキングハンドルは、コッキングハンドル・チューブのガイド・スロットのＬ字型の溝にはめ込み、ボルトをホールド・オープンできる。標準モデルのMP５には、独立したボルト・ホールドオープン機能部品がないので、これがボルトを後退させた状態に保持する唯一の方法だ。熟練射手は、空いた手でコッキングハンドルを叩き、Ｌ字型の溝から開放して素早くボルトを前進させる。2010年に公開されたアメリカのアクション映画『レッド』でヘレン・ミレンがこのテクニックを披露している。(C&S)

ープやショルダーストックがよく交換される。異なる装弾数のマガジンも用意されている。

MP５のコッキングハンドル

MP５のコッキングハンドル（レバー）はハンドガート左側面の先端部上方に位置している。射撃中にコッキングハンドルは往復運動しない。コッキングハンドルはコッキングハンドル・サポートと呼ばれるチューブ状の部品につながっており、コッキングハンドルを引くとコッキングハンドル・サポートも後進し、ボルトキャリアーの先端部と接触してボルト/ボルトキャリアー・グループを後退させる。

コッキングハンドルをコッキングハンドル・ガイド溝後方に切られたL字型の溝にはめ込むと、ボルトをホールド・オープン（開放）できる。

MP５などH＆K社製のG３アサルトライフル派生型の小火器はいずれもチャンバー（薬室）にフルートと呼ばれる細かい縦溝が切られている。９mm×19弾薬を使用するMP５も同様だ。

フルートは射撃する際に、この溝に発射ガスを通し膨張する薬莢がチャンバーに張り付くことを防ぐ働きがある。

発射済みの空薬莢の表面にはフルートの形で黒色のカーボン跡が残るため、HK社製の武器から排莢されたものだとわかるハーフ・ロックのローラー・ロッキングを組み込んだ銃器は、ローラーが開放されてボルトが本格的に後退を始めるまでの時間差でバレル内のガス圧は安全レベルまで低下している。

チャンバーから発射済みの空薬莢を引き出すのは、ロックを解除する際に加速された重いボルトキャリアーが後退する慣性で行なう。

この引き出しプロセスでは薬莢に非常に強い力がかかる。したがって、フルートを通る発射ガスで薬莢を「浮かせ」ないと、エキストラクターが薬莢基部のリムを破損して排莢不良を起こしたり、最悪の場合、薬莢切れと呼ばれるチャンバー内で空薬莢の後半がちぎれてしまう重大事故を起こしたりする。

薬莢切れを起こすとチャンバーに空薬莢の前半分が残り、特殊な工具で取り出さないと射撃できなくなる。フルートを設けたチャンバーは、確実な作動に不可欠な構造なのだ。

臨検訓練中のチリ海軍特殊部隊。隊員はすべてMP５で武装している。(USAF)

第3章
MP5を使用する法執行機関

ドイツGSG9（対テロ特別班）

MP5が注目される間接的なきっかけとなったのは、1972年ミュンヘン・オリンピックで起きたイスラエル選手に対するテロ事件だ。

当時、西ドイツのバイエル州警察はワルサーMPLサブマシンガンを装備していたので、これで武装した警察官が選手村で人質となっていたイスラエル選手の救出を試みた。しかし、警官隊の行動がテレビ中継されてテロリストに筒抜けとなり作戦は中止された。

その後、テロリストは移動用にバスとヘリコプターを要求。人質とともにバスで移動しヘリコプターに乗り移る際に、夜間の銃撃戦になった。

警察の夜間戦闘技術は稚拙で、しかもスナイパーライフルではなくG3アサルトライフルにスコープを装着してテロリストを狙撃した。

狙撃は手間取り、最終的にテロリスト全員が射殺されたが、その前に人質が乗り込んでいたヘリコプター内にテロリストが手榴弾を投げ込み、人質全員が死亡するという最悪の結果になった。

この事件を受け、西ドイツ政府は将来のテロ事件に対処するため対テロ特殊部隊の創設を決断した。日本と同じく敗戦国の西ドイツは海外派兵が当時困難だったので、対テロ部隊は西ドイツ軍ではなく、準警察組織でもある連邦国境警備隊（Bundes-grenzschutz：BGS）の中に組織することになった。

1973年4月17日、事件から1年を経ずして、連邦国境警備隊に対テロ特別班のGSG9（グレンツシュッツ・グルッペ・ノイ

攻撃訓練をするGSG９の隊員たち。武装のMP５のストレート・ボックス・マガジンや着用する装備品から、発足まもない頃とわかる。GSG９とその後に創設された対テロ部隊によって、MP５が人質救出作戦にきわめて適していることが証明された。小型軽量なので狭い場所でも隊員たちが機敏に行動でき、人間工学的に優れたデザインと精密射撃性能で、テロリストに正確、迅速に命中弾を浴びせられる。本来ピストル用の９mm×19弾薬は、航空機や船舶、屋内などの閉鎖空間で使用しても、ライフル用弾薬に比べ人質や味方に過剰貫通や跳弾による二次被害を与えにくい。また反動も小さいので、テロリストの頭部や胴体に短連射を正確に命中させることができる。(L.Thompson)

ン）が発足した。連邦国境警備隊はMP５も標準装備にしていたので、GSG９もMP５を主要武器に採用した。

GSG９の隊員は、通常MP５A２を使用するが、現在あらゆるテロに対処するほか、海外のドイツ公館の警備、政治家やドイツを訪問する外国要人の警護まで多くの任務が与えられており、そのためMP５SDやMP５Kといったさまざまな種類の武器や装備を保有している。

また制式武器のほか、想定される相手側の武器も保有し、隊員はその使用法の教育も受ける。GSG９はヘリコプターから車両やテロリストをMP５で攻撃する戦術などを編み出したほか、車両の防弾窓ガラスに設けたMP５用の銃眼から追跡中に交戦することもできる。光学照準器や夜間戦闘用にイルミネーターも配備されているが、ほとんどの場合、標準サイトを使用している。

1977年10月17日、ソマリアのモガディシュ空港でハイジャックされたルフトハンザ航空機の乗客乗員を最小の犠牲で救出したGSG９は、一躍世界の脚光を浴びた。「ファイヤー・マジック」と命名された人質救出作戦は現地時間深夜2時に実行され、５分でテロリストを無力化し人質全員を無事解放した。

隊員の主要な武装はピストルとMP５だった。狭い昇降口から迅速に突入するためピストルが使用されたが、ピストルだけでテロリストをただちに無力化することはできなかった。これと対照的に、MP５の短連射で複数弾を受けたテロリストはその場で行動不能になった。この体験から、GSG９はその後の作戦でMP５への依存度を高めることとなった。

この救出作戦でGSG９にスタン・グレネード（訳注：殺傷力は低いが爆発の際に閃光と大音響を発生させ、相手を一時的に混乱させる手榴弾）を提供したイギリス陸軍特殊空挺部隊（ＳＡＳ）はオブザーバーも派遣していた。

すでにSASはMP５を採用していたが、この作戦でMP５の制圧能力を確認することになった。SASオブザーバーの一人だったバリー・デイビーズはGSG 9の活躍について自著『ファイヤー・マジック』にこう記している。

攻撃チームはイギリス製防弾チョッキを着用し、SASと同じMP５を装備していた。しかし、突入班はピストルを使用しているようだった。意外に思える選択だが、狭いハッチを通らなければならないので大型火器は邪魔になるし、航空機のような密閉空間ではピストルのほうが柔軟に運用できる。もっともGSG９は小型の９mm口径Ｐ９ピストル（原著注３）やスミス＆ウェッソン.38口径リボルバーを使っていたので、これには異論がある。私ならブローニング・ハイパワーを選ぶ。13連発であるうえ、命中すれば相手はその場で行動不能になる。(Davies, *Fire Magic: Hijack at Mogadishu*. 138-139p)

デイビーズによれば、最初に射殺されたテロリストはMP５の短連射を浴びていた。GSG９の隊員が機外の突入用梯子からドア近くにいた機内の女性テロリストに複数の命中弾を与え即死させた。(Davies, *Fire Magic: Hijack at Mogadishu*. 142p)

GSG９は現在もさまざまなMP５を主要武器として使い、併せてHK416アサルト・カービンとHK417アサルト・カービン、G36アサルトライフル、G36Kアサルト・カービン、G36Cアサルト・カービン、MP７Ａ１サブマシンガンも使用している。

原著注３：デイビーズが「Ｐ９ピストル」と言っているのは、当時GSG９の制式武器の１つだったHK Ｐ７ピストルのことかもしれない。(監訳者注：Ｐ９はH＆K社製で、当時GSG９は固定式のバレルで命中精度が良好なH&K Ｐ９を制式化していた。Ｐ９は命中精度が良好なものの、構造が複雑でメンテナンスに手間がかかり後に制式からはずされた)

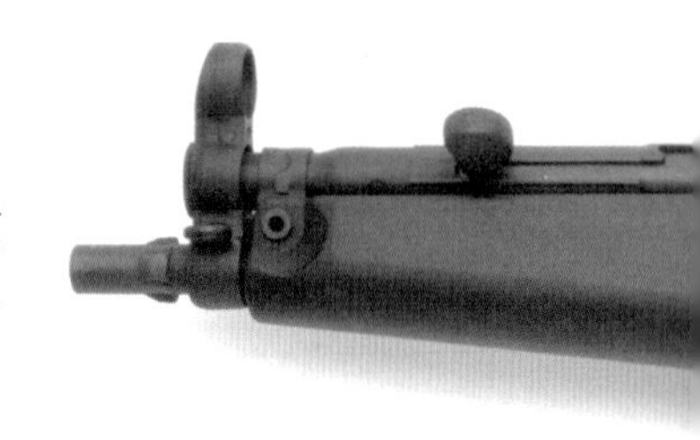

アメリカ連邦捜査局（FBI）

1982年、FBIに特殊部隊である人質救出チーム（HRT）が創設された。当初、HRTはアメリカ陸軍のデルタフォースやイギリスのSAS、その他のティア・ワン対テロ部隊（原著注4）と訓練を行なった。

HRTはこの訓練の結果、MP５の採用を決定した。HRTの創設者ダニー・クールソンは、デルタフォースとの人質救出訓練の中で、FBI要員がMP５を高く評価するようになった様子を次のように記している。

> 人質救出訓練のおかげで、FBIは新たに採用したMP５の優秀さを認識した。大多数のHRT隊員は、デルタフォースやイギリス陸軍特殊空挺部隊、そして多くのヨーロッパの対テロチームが好んで使うMP５に馴染みがなかったが、いったん手にするや熱烈なファンになった。
>
> MP５は25ヤード（約23m）から射撃して50セント硬貨（直径約31mm）大のグループ（原著注5）に集弾するほど精度が高い。使いやすいうえ、低気温、雨、雪、泥、みぞれといった状況でも常に完璧に作動する。伸縮式のストックを使えば通常の肩撃ち式小火器として使え、短縮すれば接近戦にも対応できる。(Coulson, & Shannon. *No Heroes,* 171p)

モデルMP5A3サブマシンガン。伸縮式のショルダー・ストックを装備したモデルMP5A1を改良した第二世代。光学照準器をより確実に装着できるレシーバーや送弾がよりスムーズな湾曲したマガジンを組み込んだことなどが改良点だ。(Tokoi/Jinbo)

クールソンの記述によれば、HRTは一般的にMP５A３を使用し、特殊任務用にサウンド・サプレッサーを内蔵したMP５SDを装備していたらしい。HRTがアーカンソー州を拠点とする反政府グループのアジトを偵察したときの様子をクールソンは次のように描写している。

地図で現在位置を確認しパトロール開始。われわれは軽装備で行動した。コアは夜間用エイム・ポイントを装着したMP５SDを、ボニーとウォーフォード、そして私はブローニング・ハイパワー・ピストルを携行した。

ウィリーはコルトCAR-15カービン、ビューノォードはセミオートピストルだった。おのおのスタン・グレネード（閃光手榴弾）２個と携帯無線機、予備電池２個、暗視装置を持っていた。仲間のほとんどはPVS-５暗視双眼鏡を使ったが、私は赤外線または微光暗視モードで偵察すると同時に、もう一方の眼であたりを監視できるPVS-4暗視単眼鏡を選んだ。(Coulson, & Shannon. *No Heroes*, 235p)

HRT要員らがこの任務で携行した武器の組み合わせは興味深い。アジトに接近中、至近距離から相手に気づかれぬよう無力化するにはMP５SDが最適だが、より強力な貫通性能やストッピングパワーが必要になるかも知れないと考えた結果、CAR-15アサルト・カービンも携帯している。

原著注４：「ティア・ワン部隊」とは、SAS、SBS、SEALチーム・シックス（デブグルー）、デルタフォース（戦闘応用グループ）などエリート中のエリート特殊部隊を指す。

原著注５：「グループ」とは複数の着弾がターゲットペーパーに作る相互の弾痕間の距離のことで銃の命中精度のひとつの指標になっている。ライフル、サブマシンガン、拳銃の集弾は「グループ」と呼ぶが、散弾の場合は「パターン」と呼ばれる。

イタリアGIS（特殊介入部隊）

イタリア国家憲兵隊カラビニエリ（原著注６）の（特殊介入部隊（GIS）もMP５を使用している。GISは1978年に創設されて、数々の対テロ作戦や対マフィア作戦を行なってきた。

当初、９mm×19弾薬を使用するベレッタ社製のPM-12Sサブマシンガンを使っていたが、合同訓練でほかの精鋭部隊が使用するMP５の優秀さに触発され換装した。

GIS隊員は主にMP５A５、MP５SD３、そして要人警護にはMP５KA4を使用している。

強襲車両の上からMP５A５で援護射撃態勢をとるGIS隊員。シュアファイア社製フラッシュライト付きフォーラーム（ハンドガード）を装着している。補助照準装置のレーザー照射器がレシーバーに取り付けられている。（L.Thompson）

小火器トレーニング・システム（FATS）は、スクリーンに投影される戦闘シーンにレーザー照射器を取り付けた銃で対応する訓練だ。GISがこのシステムを採用していることから、FATSに用いるレーザー照射器装備のMP５も存在すると思われる。

原著注６：正確にはイタリア４軍のひとつがカラビニエリだ。カラビニエリの主な任務は国境や主要大都市、鉄道、鉄道駅などにおける法執行活動だ。そのためイタリア国家憲兵隊を警察組織の章で記述した。

イタリア国家憲兵隊の対テロ部隊GISが指名手配中のマフィアメンバーを逮捕しようとしている。手前のGIS隊員2人はMP５Ａ３で武装しており、シシリー山中の岩場に身を隠し配置についている。小屋に接近した隊員はMP５SDで武装している。（次ページに続く）

右の隊員は遮蔽物を有効に活用するため左肩で銃を構えている。
　左の隊員はGIS制式のベレッタ92Fピストルをホルスターに携帯している。全員、戦闘用ヘルメットと顔面保護バイザー、防弾チョッキを装備している。右の隊員の肩にはGIS部隊章が見える。夜間、仲間の隊員を確認するためヘルメット後部に反射テープを貼り付けている。このような強制捜査でGISは、対マフィア捜査部（DIA)、国家警察合同捜査ユニット、カラビニエリ（国家憲兵隊)、財務警察と密接に連携する。国家警察には専属の対テロ部隊の治安作戦中央部隊（NOCS）があり、要人警護などで対マフィア作戦にも投入される。任務にはさまざまなモデルのMP５が使用されている。

インドNSG（国家治安部隊）

　インドの国家治安部隊（NSG）は1986年に創設された。以来、対テロ任務を与えられ、家屋の急襲や人質救出作戦でMP５を使用している。

　2008年の11月26日から29日にかけムンバイで起きたテロ事件にもNSGが投入された。この事件でタジマハール・ホテルとオベロイ・トライデント・ホテルがテロリストの標的になり、多数の市民と民間警備員が殺害された。

　29日の朝７時ごろ、NSGは爆発物を用い、巨大な石柱の陰に潜んでいたテロリストを攻撃。テロリストは文字どおりホテルの外に吹き飛ばされ、念のため狙撃手が頭部を狙撃した。(Scott-Clark, Levy. *The Siege.*271-72p)

　拘束された１人を除き、ほかのテロリストは全員殺害された。事件が起きた２つのホテルとほかの現場２か所で合計166人が犠牲となり、テロリスト10人のうち９人が死亡した。

　インド警察と情報当局者が生き残ったテロリストを尋問した結果、テロ計画の全容が明らかになった。その後、インド海軍

指揮官の銃のスリング調節を手伝うNSG隊員（左）。彼らは2008年のムンバイ・テロ事件後、同地域に駐屯するNSG分遣隊のメンバーである。（AFP/Getty Images）

マリーン・コマンド部隊の協力を得たNSGは、２つのホテルの合計900にのぼる客室を捜索した。

この掃討作戦でテロリスト８人を殺害し（９人という情報もある）、600人以上の人質を解放したとされる。後日、拘束されたテロリストは絞首刑に処された。

NSGはMP５A３、MP５A５、MP５SD３、MP５SD６、MP５、MP５K-PDWなど多くのMP５派生型を装備している。2009年、NSGがH＆K社に発注したMP５は、三分の二がMP５A３だったが、その納入はたびたび遅れた。

本書執筆時、MP５A３はNSGが所有する最も一般的なモデルだと思われる。残る２種類の「K」モデルは要人警護や、MP５

（次ページ図）2008年11月に起きたタージマハール・ホテル・テロ事件の一場面。MP５A３で武装したインド治安部隊NSGの隊員がホテル内で掃討作戦中の様子。テロ現場周辺の警戒を担当したNSG隊員はカモフラージュされた防弾チョッキを着用したが、「黒猫」と呼ばれるNSG隊員は完全な黒装束だった。防弾チョッキのポケットには予備マガジンが入っている。左手前の隊員はチョッキに携帯無線機も見える。2008年11月29日朝、NSGは生き残った3人のテロリストを殺害し、タージマハール・ホテルでの掃討作戦は完了した。

を目立たぬよう携行しなければならない場合に用いられる。ムンバイ・テロ事件後、NSGの武器および装備品の改善が続けられ、MP５用のレーザー照準器も配備された。

イギリス SCO19（専門刑事・業務部第19課）

イギリスでMP５を使用する警察組織の中でも、ロンドン警視庁のSCO19（専門刑事・業務部第19課）の武装パトロールカー隊員は、最もよく知られている。

1966年に銃器部（FD）として新設されて以来、この特殊部隊は何回かの名称変更を経て、本書執筆時にはSCO19または銃器専門司令部（SFC）と呼ばれている。

SCO19の主要な武器は９mm×19弾薬を使用するグロック19ピストルとMP５SF（セミオートマチック射撃限定モデル）だ。

武装パトロールカー隊員とロンドン空港を警備する警察官は、MP５SFを市街戦闘用のカービンとして使用している。空港や市街地など混雑する場所では、ライフルの長い射程や大きな貫通能力は周囲に二次被害を与えるおそれがある。ピストル用の９mm×19弾薬を使用するMP５SFなら、50m以上離れたターゲットも正確に狙撃できるうえ、二次被害の心配が少ない。

（監訳者注；ライフルで武装したり防弾チョッキの着用が明らかな犯罪者やテロリストに対処するため、ロンドン警視庁には5.56mm×45弾薬を使用するSIG SG552アサルト・カービン〔セミオートマチック射撃限定モデル〕を使用する部隊も存在する。興味深いことにアサルト・カービンで武装した警察官はMP５SFで武装した警察官とペアを組んでパトロールなどの警備活動を行なう。おそらく必要最小限度の武器使用にとどめることをアピールする目的があると思われる）

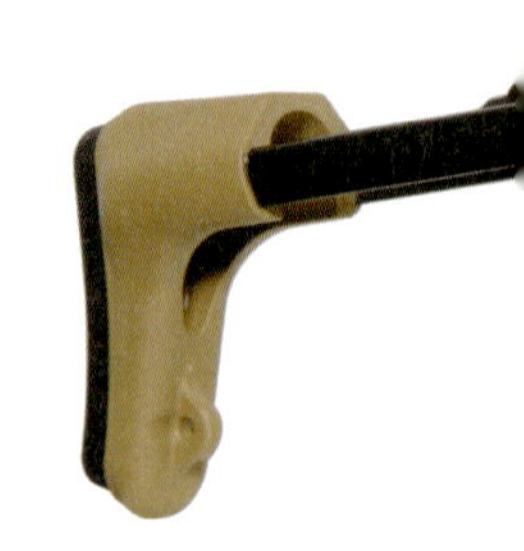

MP５SFは、イギリス武装警察全般に適合する選択でもあった。

MP５SFは1991年、ロンドン警視庁が武装パトロールカー（トロージャン・カーとも呼ばれる）を配備するようになってから使用されている。

SCO19隊員は当初、.38スペシャル弾薬を使用するスミス＆ウェッソン社製モデル10リボルバー拳銃を支給されていた。このリボルバーは６発しか装填できなかったので、MP５SFの大容量マガジンと長い有効射程は大きな利点だった。武装パトロールカー部隊の発足時のメンバーだったロジャー・グレイは、自著『トロージャン事件簿』でMP５SFについて興味深いエピソードを記している。

翌日、夜明けとともに今後の訓練内容の説明を受けた。
「主要武器」との初顔合わせをとなる基礎訓練だ。

現生産型のモデルMP5A4サブマシンガン。現生産型は金属製ハンドガードやレシーバー上部により利用範囲が広いピカティニーレールを装備している。軍用向けにはアースブラウンに塗装されたオプションモデルも供給されている。（Tokoi/Jinbo）

今後グルカ兵のナイフ同様、MP５が武装パトロールカー要員のシンボルとなる。この銃を日常任務で携行するのは喜ばしかったが、訓練はこれまでとは勝手が違った。

最初の３日間はひどいものだった。マガジン挿入……射撃用意……安全装置解除……装弾不良発生……安全装置オン。これを際限なく繰り返す。作動不良対処演練だって？冗談じゃない。リボルバーなら「作動不良」など起こらないのに。（Gray, *The Trojan Files*.53p）

グレイはさまざまな姿勢での射撃訓練や繰り返される作動不良対処の訓練の回想を続け、MP５が武装パトロールカー任務に適している理由を説明する。

現実にMP５はアサルトライフルから派生したきわめて優秀な武器だ。ロンドン警視庁武装パトロールカー要員に支給されるのはセミオートマチックの単射モデルで、グロック自動装填ピストルと同じ９mm口径のソフトポイント弾丸を使用する。

ソフトポイント弾丸は命中するとターゲットの体内で変形することでエネルギー消費し、大きなストッピングパワーを発揮する。この弾丸の最も大きな特徴は貫通せずにターゲットの体内にとどまりやすいことだ。より重要なのは過剰貫通による二次被害を起こさないことだ。

拳銃が木槌ならば、MP５の精密射撃能力は、患部を正確に切り取る外科医のメスにたとえることができる。狙ったターゲットに間違いなく弾丸を撃ち込めるので、市街地や混雑した場所での銃撃戦の場合、第三者の命を救うことにつながる。(Gray, *The Trojan Files.* 53p)

武装パトロールカー隊員がMP５を軽率に使用しないための配慮から、ロンドン警視庁は武器使用に関して厳格な規定を設けている。

たとえば、MP５はパトロールカー内の保管庫に施錠されて収納されており、取り出すには一定の時間がかかる。グレイはパトロール中にライフルで武装した犯人と遭遇した際の体験を綴っている。

ダレンは燐家の庭に入り込み針葉樹の陰に身を潜めた。

低いレンガ塀越しに様子をうかがうと、迷彩服にベレー帽といういでたちの男がこちらを凝視していた。

.303口径リー・エンフィールド歩兵銃を握りしめ、ベルトには大ぶりのナイフを差している。男はダレンに狙いを定め発砲した。反射的に「警察だ！」と叫び、ダレンは.38口径リボルバーの引き金を２回引いた。武装犯は身をかがめてドアに戻りライフルのボルトを操作した。紛れもない装填音を聞き、ダレンは通りに引き返した。

後部座席の肘掛けに隠された保管庫にMP５が２挺収納されている。武装犯はMP５を取り出そうとするサンディに狙いを定め、門から発砲した。弾丸はパトロールカーの窓枠とガラスに命中し、彼女は側頭部から出血し始めた。カービンを手にしなければやられる。アドレナリンで痛みはほとんど感じない。（Gray, *The Trojan Files*.99p）

彼女に命中したのは、改造された.303口径ライフルから発射された散弾だった。ほかの２人の警官がスミス&ウェッソンのリボルバーで応戦する間に、サンディは負傷にめげずMP５を取り出し１挺を仲間に手渡した。

武装犯はいったん家に逃げ込んだが、再度出てきたところを撃たれ、その場で逮捕された。サンディはこのあとすぐに手当を受けた。（Smith, *Stop! Armed Police!* 110p）

火力に優る武装犯がもっと好戦的だったら、武装パトロールカー要員は殉職するか重傷を負っていたかもしれない。警察車両に搭載されたMP５などは厳重に保管する必要があるが、危機的状況でただちに使用できなければ意味がない。

アメリカではパトロールカーに搭載されるカービンやショットガンは、天井か床のラックに固定し施錠されることが多い。緊急の場合、隠されたボタンを押すと施錠ロックが解除される仕組みだ。

これに対しイギリスの武装パトロールカー要員は、規則に従いながら危機に対処する方法を学んだ。MP５を保管庫から出す間、同僚がリボルバーで援護するというものだ。

武装パトロールカー要員は危険な武装犯と対峙し、そのための実弾訓練も頻繁に行なっている。しかしながら、実際に武装犯と銃撃戦を交えることはほとんどない。

女性初の武装パトカー要員の一人ヘレン・バーネットは、自著『都会の戦士：アーバン・ウォーリア』でこう指摘する。

1997年に起きた1765回の出動中、SO19（特殊部隊の名称は2005年にCO19となり、2012年にSCO19に変更された）の武装パトロールカー要員の発砲は１件だけだった。（Barnett,*Urban Warrior*.205p）

1987年（同年、名称がPT17に変更された）以後入隊したスティーブ・コリンズは『黒装束の警官』の中で、MP５を初めて使った様子をこう回想している。

スクウィーキー（訳注：ブレーキなどのきしみ音の意）のあだ名で知られる武器教官が甲高い声で説明し始めた。

「これがMP５Ａ２カービン。レベル１とレベル２チームの標準装備だ。これを使う状況になったら、グロック・ピストルはバックアップだと考えろ」

教官は凄みのある短銃身カービンを持ち上げると、強化

テームズ河のウエストミンスター橋で警戒にあたるロンドン警視庁の武装警官。MP5-SFA2を手にしている。（M.Richardson）

プラスチック製の黒いストックを手のひらで叩きながら続けた。
「この銃はドイツのオーベルンドルフにあるH&K社が開発した。1960年代に登場して以来、世界中の主だった対テロ部隊が使用している。MP５はサブマシンガン自体の名称だ。Ａ２は固定ストックモデル。レベル１チームが使うＡ３は車両搭載に適した伸縮ストックモデルで、Ａ２の全長69cmを48cmに縮められる」
「教官、なぜレベル２チームは伸縮式ストックモデルを使わないんですか？」
手を挙げて質問する。
「そんなことオレが知るか、巡査部長。たぶん伸縮式ストックは１個150ポンド（訳注：約２万6000円）と値が張るからだろうさ」甲高い声で答えた。
「MP５はグロックと同じ９mm口径弾を使用する。マスコミや民間人はサブマシンガンと呼ぶが、カービンはセレクター・レバーが変更されたセミオートマチックの単射モデルだ」教官は一呼吸おいて、
「ほかにもフルオートマチックモデルやサウンド・サプレッサー付きモデルがある。ユニークな設計のおかげで、銃本体はたったの2.5kg。30発マガジンを付け、優に50mを超える距離まで正確に射撃できる。キミらにはっきり言っておこう。９mm弾はこの距離でも皮膚、体組織、骨を簡単に撃ち抜く。ソフトポイント・ジャケット弾を使うのは、ターゲットの体内でエネルギーを使い尽くし、貫通による二次被害を出さないためだ。自分の武器と弾薬のパワーを

くれぐれも甘く見るな」(Collins, *The Good Guys Wear Black*.33-34p)

1977年後半、ロンドン警視庁D11(訳注:銃器専門司令部の別称)は、フルオートマチックとセミオートマチックの射撃が可能なセレクティブファイアーのMP５を取得した。重武装犯への対応や貴重品を運ぶ車列の警備、凶悪犯の裁判所への移送任務などに限定して使用した。(Smith, *Stop! Armed Police!* 47-48p)

『黒装束の警官』でレベル１チームと呼ばれている警察官は、立てこもりや人質事件にSWAT部隊として出動する武器教官を指す。レベル２チームはそれ以外の任務を担当する訓練された武装警察官のことだ。

1991年、この２つのチームは火器専門警官チーム(SFO)に統合された。SFO要員になるためには、家屋内での接近戦や実弾射撃などの厳しい訓練に合格しなければならない。武装パトロールカー要員は火器携帯警官(AFO)と呼ばれる。立てこもりや人質事件でいち早く現場に到着し、初期対応にあたるのがAFOで、非常線を張り事件の拡大を防ぐ。

SFOチームは非常線が張られた時点で、完全装備のトラックで出動態勢を整える。

コリンズはSFOチームがMP５を使用したさまざまな状況を述べている。ある強盗事件では、武装犯と警官に変装した共犯が人質をとってSFOと対峙した。

人質をとったニセ警官は笑みを浮かべ、真正面からオートマチックピストルで私の胸に狙いをつけた。パニック状況では時間の流れが遅くなると言われるが、まさにそのとおりだった。相手の表情だけでなく、制服がまるで似合っていない様子まで瞬時に見てとれた。

しかし人質の警備員に弾が当たる可能性があり発砲できない。被弾の衝撃を覚悟しつつ、弾丸がスモーク・グレネードに命中し、ロンドンの真っ只中でグリーンの煙をまき散らす自分の姿を想像した。また共犯の男が私の背中に照準の十字線を重ね、引き金に指をかけている様子も脳裏に浮かんだ。

この緊張に耐えきれず、私は飛びのきざま遮蔽物に身を隠した。同時に銃声が響き渡り周辺で悲鳴が起こった。銃撃戦になり、ニセ警官が人質を放し回転しながら倒れていくのが目に入った。

左で援護していた同僚のナイジェルがMP５で男の胸に２発撃ち込んだのだ。意図して狙わずともターゲットに命中させる技量は接近戦訓練のたまものだ。

しかし強盗犯はまだ拳銃を手にしている。床に倒れ落ちる前に、ナイジェルは念のためもう２発お見舞いした。

（Collins, *The Good Guys Wear Black*.180-81p）

この記述はSFOで教育される射撃技術の好例を示している。容疑者を確実に行動不能にするため、２連射して弾丸を撃ち込む「ダブルタップ」と呼ばれるテクニックだ。

過去数年、武装パトロールカー要員を含む火器携帯警官（AFO）もグロック17ピストルとMP５のトレーニングを１週間、高速走行など車両運用訓練を６週間受けるようになった。

このほかにも定期的に追加訓練が行なわれる。

火器専門警官に抜擢された者はさらに８週間、人質救出作戦での武器使用や武装容疑者の逮捕術の錬成訓練を受ける。

1986年、ロンドン警視庁火器部隊（D11）要員がMP５を公然と携えてヒースロー国際空港に出動した。これは火器使用の大きな方針転換だった。（Smith, *Stop! Armed Police!* 78p）

空港警備専門警官は火器訓練を修了するとセミオートマチックのMP５で武装する。通常、ロンドン警視庁の武装警官がMP５を使用するのは、要人警護任務である。

しかし、1991年10月、ロンドン警視庁火器部隊（D11）隊員が護衛任務を帯びてMP５Kとともにイギリス海外領タークス・コカイス諸島に派遣された。

アメリカに送還されるコロンビアの麻薬王パブロ・エスコバルの義弟を麻薬カルテルが奪回救出することや、口封じのための暗殺が憂慮されたためである。（Smith, *Stop! Armed Police!* 109p）

アメリカ ERT（ケネディ宇宙センター緊急対応チーム）

ケネディ宇宙センターの緊急対応チーム（ERT）がMP５を使用してきたことは特筆に値する。現在はHK416アサルトライフルを使用しているものの、MP５も特殊任務用に保有し続けている。

当初、ERTは運用中だったスペースシャトルの警備と宇宙センター職員や施設の安全確保を任務としていた。宇宙センターの警備担当だった知人が、スペースシャトル打ち上げの際にMP５を使用する理由を次のように説明した。

まず脅威分析を行ない、.50口径ライフルでスペースシャトル

ボストンのローガン空港でMP５を携行し巡回中のマサチューセッツ州警察の警察官。9.11同時多発テロに使用された２機の航空機がこの空港から飛び立ったこともあり、警備はことのほか厳しい。(J.Rinald/Reuters/Corbis)

に命中弾を与えられる地点を割り出す。そしてこれらの場所にMP５で武装したERT要員を配置し、テロリストの侵入を阻止する。

宇宙センターの敷地内には広大な沼地があり、その全域をERT要員で警備するのがほとんど困難だった。現実的にテロリストの侵入阻止に貢献した最大の功労者は、沼地に棲息する無数のワニだった。

２つ目の理由はMP５の耐久性だ。フランク・ジェームズは自著『ヘッケラー＆コッホMP５』で次のように指摘している。

最初に納入されたMP５の中の１挺は、1984年から1990年までの間に57万1600発を撃った。この間に交換が必要だったのは小さな部品のみで、しかもそれはセンターの武器係の定期整備によるものだった。

この時期にERT要員はMP５で１人あたり年間１万5000発から１万8000発を撃っていた。消費した弾薬の総数は膨大な量に達した。

ERT要員に加え、ケネディ宇宙センター保安部隊要員も毎年MP５でかなりの弾薬を消費する。センター内の射撃場の管理係は訓練に使われたMP５の発射回数や修理内容などを仔細に記録している。

ジェームズは訓練に使われた３挺のうちの１挺の記録を調べ、前述の57万1600発の記録を発見した。これはMP５のバレルが完全に摩耗し廃棄処分となった時点での数字だ。バレルを交換すれば、まだ使用可能だったと思われるが、修理費用が新品購入と大差ないことから廃棄処分となった。（James,*Heckler & Koch's MP5 Submachine Gun*. 163-67p）

MP５を使用するその他の法執行機関

MP５を使用する各国の警察や法執行機関の特殊部隊には以下のような組織がある。ベラルーシ共和国のアルマース（訳注：ロシア語でダイヤモンドの意）対テロ部隊、王立カナダ騎馬警察、コスタリカの特殊介入部隊、ギリシャの特殊対テロ部隊、ケニア警察、リヒテンシュタイン公国警察、ルクセンブルク大公国の特殊警察部隊、ニュージーランド警察の特殊作戦グループ、フィリピン国家警察の特殊任務部隊、シンガポール警察の特殊作戦救出部隊、南アフリカ警察の特殊部隊、スペインの特殊作戦部隊、北アイルランド警察、日本警察のSAT（特殊急襲部隊）など。

パトロールで使用されるMP５

MP５は通常のパトロール任務を行なう警察組織でも一定の支持を得ている。たとえばドイツの警察では、各警察官が携行する拳銃を補う目的でパトロールカーにMP５を搭載している。

大半のアメリカの警察は、5.56mm×45カービンかショットガンをパトロールカーに搭載している。なかには少数ながらMP５を採用したところもある。

デトロイトに隣接するある市警察は、大都市から流入してくる凶悪犯罪に対処するため、パトロールカーにMP５を搭載していた。

アメリカのパトロールカーに積んでいるMP５は、全自動射撃モードを使用できないようにロックしたものかセミオートマチック射撃に限定したカービン・モデルが大多数を占める。例外的に、巡査部長や警部補、警部、SWAT要員はフルオートマチック射撃もできるMP５のセレクティブファイアーモデルを携行する。

法執行機関のMP５に対する絶大な人気は、この10年でやや陰りを見せている。同様の任務でMP５に代えてアサルト・カービンを使用する機関が増えたためだ。

ライフル用の弾薬を使用するアサルト・カービンは、ピストル弾薬を使用するMP５より射程距離が長いうえ、ストッピングパワーや貫通能力が優っている。適切な弾薬を使えば、過剰貫通による二次被害もある程度防ぐことも可能だ。さまざまな状況の変化にもかかわらず、現在も世界中の法執行組織で最も広く使用される小火器がMP５であることに変わりはない。

マック（MAC）-10はゴードン・イングラムが1964年に設計した小型軽量のブローバック式サブマシンガンだ。攻撃的な外観から映画制作者のお気に入りである。Ｌ字形ボルトの採用で全長が極めて短く、ピストル・グリップの位置に重心があるためバランスもよい。９mm×19口径と.45ACP口径モデルがある。シオニクス社製サウンド・サプレッサーはハンドガード（フォーグリップ）も兼ねるようデザインされており、1970年代にアメリカの情報部員や特殊部隊で広く使用された。サプレッサーを使用しない場合のために、イングラム社は銃口の下にストラップを追加装備しコントロール性の向上を図った。ストラップによって銃口の跳ね上がりをやや軽減できた。MAC-10の発射速度は９mm口径で1090発/分、.45口径で1145発/分あり、アメリカに加え、10か国以上の警察機関がMAC-10を使用した。（L.Thompson）

第4章

MP5を使用する軍特殊部隊

モデルMP5KA5サブマシンガンを射撃するアブダビの兵士。同シリーズ・サブマシンガンは全長が短く携帯性がよい。ショルダー・ストックを装備していないため、2つのバーチカルグリップを握って射撃する。（Tokoi/Jinbo）

イギリス陸軍特殊空挺部隊（SAS）

GSG 9 によるモガデシュ空港でのハイジャック機人質救出作戦は大きな成功を収めた。しかし、MP 5 を対テロ武器として真に世界に知らしめたのはニムロッド作戦だ。

1980年5月5日、テロリストに占拠されたロンドンのイラン大使館から、イギリス陸軍特殊空挺部隊（SAS）が人質を救出した事件である。

当初SASの対テロチーム（SP Team）は、イングラム社製のマック-10サブマシンガンを装備していた。しかしGSG 9 との合同訓練の結果、H&K社のMP 5 の採用を決定した。

MP 5 とマック-10両方を使用したことのある筆者の体験に照らせば、精密照準射撃が必要とされる場合にはMP 5 に軍配が上がると断言できる。人質救出作戦にはMP 5 が最良の選択だった。

プリンセスゲート（訳注：ロンドンのイラン大使館があった場所）で世界の注目を浴びる以前から、SAS部隊はMP 5 運用技能を磨き続けていた。イラン大使館占拠事件の際、急襲チームのメンバー、マイケル・ポール・ケネディは、訓練の模様を次のように述懐している。

> 急襲作戦用の装備を身につけると、こめかみがうずいた。きつめのパイロット用革手袋をはめ、MP 5 のチャンバーに弾薬を装填する。安全装置オン。ブローニング・ピストルの発射準備も整える。ふと、汗をかき始めていることに気づいた。今日も長い１日が始まる。
>
> 「行動プランはいつもどおり。テロリストの頭に１発、ま

たはダブルタップで２発撃ち込む。自分に割り当てられた部屋以外ではチャンスがあっても無理をするな」。教官が黒板を９mm口径拳銃で指し示し、各自の役割分担を確認する。

「５分以内に受け持ちのドアで配置につけ。キリング・ハウス（訳注：実弾が使える接近戦闘訓練用のモデル・ハウス）の廊下で私がMP５を一連射したら訓練開始だ。質問は？」

MP５の20発連射とスタン・グレネードの爆発がキリング・ハウスを揺さぶる。ナンバー・スリー要員がショットガンで小部屋の鍵を粉砕しドアを蹴り破る。私は開け放たれたドアから突入し、部屋の隅に置かれた標的に向かう。いつもと同じだ。目がレーダーのように部屋中をスキャンし、４人のテロリストと人質３人を確認する。

ダダッ、ダダッ、ダダッ……ダブルタップ３回。３人のテロリストの頭部に鮮やかな６発の弾痕。所要時間３秒弱だ。ダダッ、ダダッ、ナンバー・ツー隊員が椅子の背後で膝撃ち姿勢をとっていた４人目のテロリストを制圧した。

（Kennedy, *Soldier"I"S.A.S.* 175-76p）

ニムロッド作戦では、人質の安全を確保しつつテロリストを迅速に排除するためには完璧なチームワークが不可欠だった。MP５の優秀さに加え、SAS隊員は射撃場やキリング・ハウスでの実弾訓練を通じ、MP５を最も効果的かつ正確に扱う技量とチームワークを磨き上げていた。それはすぐに必要になった。訓練の最中、イラン大使館占拠事件が発生、SASに出動待機命令が出たからだ。

SASの対テロ部隊であるスペシャル・プロジェクト・チーム（SPチーム）は「レッド・チーム」と「ブルー・チーム」に分かれている。片方のチームが訓練期間のあいだ、もう一方のチームが緊急出動に備えて即応態勢で待機するのだ。

ニムロッド作戦ではレッド、ブルー両チームとも現場に出動した。人質が殺害された場合に緊急突入するチームと待機チームに分かれていたが、実際には合同で大使館急襲作戦を実行した。『Go! Go! Go! 実録SASイラン大使館占拠事件』に、MP５の運用も含めたSPチーム突入の様子が描かれている。

> SPチームの白塗りレンジ・ローバー７台とさまざまな色のフォード・バンが数台、２棟の格納庫脇に整然と横列駐車されている。すぐに必要な装備品を載せたパレットは各ローバーの真後ろに置かれている。
>
> 中味はレミントン社製M870ポンプ・ショットガンやMP５などの武器と弾薬、ガス弾発射機、グレネード（手榴弾）、食料と水、工具セット、無線機と予備電池、S６ガスマスク、暗視装置、催涙弾、スタン・グレネード、医療器具、ドア破壊キット、これらに加えて、人数分より少ないものの、使用直前まで充電できるMP５用フラッシュライト（マグ・インストルメント社製のマグライト）などだ。
>
> 車両移動する際、チームメンバーは緑色の大型バッグを携行する。中には手袋、NBC（核・生物・化学兵器）マスク・カバー、目出し帽、S６ガスマスク、つなぎ作業服、

MP５で武装したSASの対テロ部隊員。イラン大使館占拠事件当時の写真。右腿のホルスターにブローニング・ハイパワー・ピストルを、左腿にはMP５の予備マガジンを携帯している。右手首に拳銃の予備マガジンを留めていることに注目。ガスマスクと耐火フードも着用している。（L.Thompson）

1980年、プリンセスゲートのイラン大使館占拠事件でSASが使ったMP５用のフラッシュライト・マウントのひとつ。(L.Thompson)

ブーツ、装備品携帯チョッキとベルト、武器掃除用具一式、防弾チョッキとセラミック追加装甲、そして懸垂降下器材一式に加え、MP５やブローニング・ハイパワー・ピストルなどの個人武器、応急処置用包帯数個、MP５用30連マガジン４個、20連マガジン１個、ブローニング・ピストル用12連マガジン２個、これらに使用する弾薬が入っている。現場到着後、わずか数分で作戦を開始することが可能だ。(Firmin & Pearson. *Go! Go! Go!* :21p)

この記述にはSAS隊員が20連マガジンを携行したとあるが、MP５用に20連マガジンは製造されていないことから、おそらく15連マガジンのことだろう。SASが時おり使用したブローニング・ピストルの延長型20連マガジンだった可能性もある。ブローニング・ピストルのマガジンが12連となっているのは誤りだ。１３発装弾できるが、SAS隊員は12発を上限とするよう訓練されていたという。

MP５用フラッシュライトが全員に行き渡らなかったため、煙や埃、ガスが充満して暗くなった部屋では不利だったとの公式見解が同書に記されているが、補足すれば、イギリス国防省へのたび重なる要請にもかかわらず、補充されなかった経緯がある。

テロリストが人質に危害を加える場合に備え、SASの急襲チームはイラン大使館に隣接する地点で配置についていた。

占拠から６日目の５月５日、人質が殺害され遺体が大使館正面に投げ落とされた。この時点で急襲隊員は、MP５の作動を確認、いつでも行動開始できるよう準備を整えた。

マイケル・ポール・ケネディらが認識していたとおり、大使館の50部屋を掃討するには、迅速さと奇襲性、圧倒的な制圧火力が必要だった。

SASの創設者の１人パディ・メインの助言が役に立った、「武装犯のいる部屋に突入する際は、敵意の有無に関わりなく、最初に動き出す者を撃つ。彼は先を読んでおり、したがって危険な存在だ……」(Kennedy, *Soldier"I" S.A.S.* 192p)

一刻も早く任務を終らせなければならない焦りとアドレナリンのせいで、ケネディは最初、誤ってゴミ箱に20発撃ちこんでしまった。移動の最中にテロリストとの遭遇を予期していたからだ。

その後、急襲チームはMP５を効果的に使用し、きわめて短時間で大使館を制圧した。手榴弾を握ったテロリストと対峙した際は、ほかの部隊員を巻き添えにするおそれからMP５を発砲できず、ストックで敵の頸部に一撃を加えた。テロリストが崩れ落ちたところで、仲間のMP５が火を噴いた。(Kennedy, *Sol-*

イラン大使館に突入するMP５で武装したSAS隊員。バルコニーにいる右側の隊員はMP５の上部にフラッシュライトを装着している。通常フラッシュライトはハンドガードの下に装着する。（L.Thompson）

dier"I"S.A.S. 196p）

急襲チームのメンバーらは４人のテロリストにダブルタップを浴びせて殺害。教科書どおりのMP５の運用だった。５人目は隣接するハイドパークで配置についていた狙撃手が射殺した。１人を除き、残りのテロリストは全員射殺された。

イラン大使館急襲作戦で、MP５がテロリスト制圧にきわめて有効な武器であることが実証された。作戦でレッド、ブルーの両チームとも同時に行動を開始しなければならなかったため、MP５の数が足りなかった。これに関し『Go！Go！Go！実録

SASイラン大使館占拠事件』に次の記述がある。

　SASがMP５を採用したのはイラン大使館占拠事件の約３年前。これによってテロリストとの形勢が逆転した。世界各国の特殊部隊にとって、MP５は武器のロールスロイスと呼べるものだったのだ。

　ほとんどの隊員はスタンダード・モデルのMP５を携行した。数人はMP５Kを、２人の待機チームはMP５SDサプレッサー・モデルを携行していた。これは選択でなく、単にスタンダード・モデルのMP５が全員に行き渡らなかったからだ。

　以前使用されていたスターリング・サブマシンガンに比べると、MP５は300メートルまで正確な射撃が可能だ。ローラー・ロック・ボルト・システムを採用し、より迅速で扱いやすく、また安全に射撃できる。15連発または30連発のマガジンを左横から挿入するスターリングと異なり、銃の下から挿入する形式で作動不良を防ぐ一助となった。射撃済みの空薬莢は横に排出される。

　MP５のサイトもスターリングのものに比べ大幅に改善されている。回転ドラム式リアサイトと円形のフードが付いたフロントサイトは照準すると同心円を構成する構造になっており、視線を自然にターゲットへと導く。ほかの多くの長所と並び、MP５の設計は卓越しており、これが整備不足でも変らぬ信頼につながっている。

　弾薬は、対テロチームも残りのSASと同様に、イギリス軍の制式名称Mk.２Zをつけられた９mm×19NATO普通弾薬（ボール弾薬）をMP５と接近戦闘用のブローニング・ハイパワー・セミオートマチック・ピストルに使用している。（Firmin & Pearson. *Go! Go! Go!* 23-24p）

スターリングとMP５の比較で、マガジンの装着方向に関し重要な指摘をしている。スターリングのマガジンは横に突き出ているので、狭い場所ではドアの三方枠などに引っかかりやすい。下からマガジンを挿入するMP５はその心配がない。

『Go！Go！Go！実録SASイラン大使館占拠事件』の著者の１人ラスティ・ファーミンはSAS隊員として実際にイラン大使館急襲作戦に参加している。MP５の長所に関する記述はおそらく彼のものであり注目に値する。ファーミンとパーソンの両著者はMP５が「状況打開の鍵」として使われた経緯についても論じている。

ピートはドアノブを引いてみたが鍵がかかっていた。MP５の銃口を鍵に向けて発砲。鍵は粉砕され、ピートはドアを蹴破って中をうかがった……。

９号室のドアは左開きで階段の踊り場と吹き抜けにつながっている。すでにパルマーとレッド・チームのリーダーはドアを通り抜けようとしていたが、急襲を予期した複数のテロリストがドアを見張っていた。パルマーが鍵に一連射を浴びせる。粉々になった鍵は分厚いオーク材の羽目板といっしょに吹き飛んだ。（Firmin & Pearson. *Go! Go! Go!* 173p）

この記述で、ドアが左開きだと明記していることに注意して欲しい。建物を急襲する場合、ドアがどちら向きに開くのか？内か外か、右か左かを把握しておくことは重要な意味をもつ。建物内での移動時間をわずかでも短縮できるからだ。

報告によれば、イラン大使館急襲作戦でSAS隊員のトミー・パルマーは、MP５の作動不良を体験している。トリガーを引いたがカチリと音がしただけで不発。欠陥弾薬だった。テロリストが彼に向け２発撃ったが命中しなかった。パルマーはMP５をスリングで吊るし、ピストルに切り替えた。この間にテロリストは人質のいるテレックス室に逃げ込んだ。後を追って突入、手榴弾を握ったテロリストの頭部にピストルで１発撃ち込み即死させた。（Firmin & Pearson. *Go! Go! Go!* 194-95p）

MP５Kのトリガーグループのクローズアップ。セレクターにある弾丸の図柄は、安全（×印が重ねられた白い弾丸）、セミオートマチック（赤い弾丸１発）、３点分射（赤い弾丸３発）、フルオートマチック（先端の開いた枠と赤い弾丸７発）を示す。（C&S）

イギリス陸軍情報部第14情報中隊

MP５を効果的に使用したイギリス軍部隊はほかにもある。北アイルランドで監視活動と情報収集を行なった第14情報中隊がそのひとつだ。多くの特殊部隊と異なり、第14情報中隊には兵器取り扱いの集中訓練を受けた女性隊員が配属されていた。その１人が「ジャッキー・ジョージ」のペンネームで著わした『恐れを知らない女』に、MP５の有用性が次のように記されている。

> 次の２週間、私たちは武器の訓練を続け、MP５Kの使用法を習得した。SASがイラン大使館占拠事件で活用した小型マシン・ピストルだ。短くがっしりした外見は奇妙だが、セミオートマチックとフルオートマチックで射撃できる。
>
> 初日はブライアンとブルースが簡易分解（訳注：銃をクリーニングするための簡単な分解）と安全手順の教習を行なった。「北アイルランドでは、ホルスターの拳銃と車載ライフルに加え、MP５Kを携行することになる」と言われた。射撃場に移動し、ダブルタッピングの練習を開始。その高い命中精度と反動の小さいことに驚いた。
>
> 最も重要なのは、車を使っての射撃訓練だった。最初はペアのシナリオで、ドライバーが拳銃を使い、助手席側の隊員がMP５Kで弾幕を張る。車外に出るドライバーがMP５Kを使わないのは、実際敵に遭遇した状況でも運転席の後ろにあるMP５Kに手を伸ばす余裕がないからだ。次は４人１組になり、そのうちの３人がMP５Kを使う想定。訓練

は俄然面白くなる。興奮のあまり、30連マガジンをフルオートマチックで２秒で撃ち尽くすこともあった。同時に、車に駆け戻るときはお互いの射線に注意する必要があった。（George,*She Who Dared.* 89p）

「ジョージ女史」はイラク大使館急襲作戦で使われたMP５A２とMP５Kを混同している可能性がある。しかし『Go! Go! Go！実録SASイラン大使館占拠事件』に、MP５Kを携行したSAS隊員が数人いたと記述されているから間違いではない。事実、大使館急襲作戦で負傷したSAS隊員の１人は初期型のMP５Kを使っていた。初期型は手が銃口の前に出ないようにするハンドガードの先端突起がまだなかったので、発砲時に弾丸が指をかすってしまい負傷した。

（Firmin & Pearson. *Go! Go! Go!* 211p）

MP５Kは第14情報中隊の監視任務にうってつけの武器だった。コートの下に容易に隠せるうえ、狭い車内でも扱いやすく、しかも火力が大きい。『恐れを知らない女』の後半で、「ジョージ」はMP５Kの隠しやすさについて次のように記している。北アイルランドで暗殺の対象になっていた非番の兵士を、同僚の女性隊員と尾行したときのことだ。

トニーと私は北アイルランド民兵組織（IRA）の待ち伏せを警戒し、レストランを囲む生け垣をチェックした。ベルトにはピストルと無線機を携帯し、その上にトレーニングウェアを着ていた。歩くとピストルと無線機が肌にこすれ

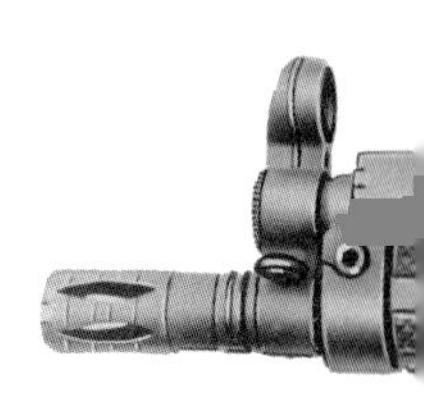

た。MP５Kサブマシンガンは背中のバックパックに入れてある。数時間後には交代要員のベッキーと相棒が任務を引き継いでくれることになっていた。(George, *She Who Dared.* 161p)

以前の北アイルランドの任務で、「ジョージ」は同士討ち寸前の事態も体験している。パートナーと車で監視任務にあたっていると、桟橋に武装した男たちがおり、怪しい車が近づいて来るのが見えた。車両が停止しライフルを持った男たちが現れた。

ジョージはMP５Kを、相棒の男性隊員はHK53アサルト・カービンをつかんで車外に飛び出した。銃を武装した男たちに向け安全装置を外した。臨戦態勢だ。

その瞬間、相手がSAS隊員を交えた味方部隊であることがわかった。「銃撃のタイミングだけでなく、曖昧な状況下では発砲を控えることを教える」のが優れた訓練だという模範だ。

「ジョージ」が北アイルランドでの任務を終えるまでにMP５Kでテロリストを撃つ機会はなかった。MP５Kを片時も手放さなかったことを考えれば、仮に敵と遭遇する事態が起きていれば、人数のハンディを補ってくれていたに違いない。

イギリス海兵隊特殊舟艇部隊（SBS）

MP５は、イギリス海兵隊特殊舟艇部隊（SBS）の任務にとっても最適なことが立証されている。

第14情報中隊の隊員にはMP５の代わりにHK53アサルト・カービンを使用した者もいる。HK53アサルト・カービンは、5.56mm×45弾薬を使用するHK33アサルトライフルのコンパクトモデルで、隠して携行しやすく威力がMP５より大きかった。(HK USA)

海上の油田採掘プラットフォームを急襲したり、船舶を臨検する場合、MP５のコンパクトさは狭い空間で大きなプラスになった。

SBS隊員は海上油田採掘プラットフォームに潜水艦で潜入して任務についたことがあるが、銃身の長いライフルを持っていたら潜水艦のハッチを出るとき邪魔になっていただろう。

ピストル弾薬の９mm×19はライフルに比べて威力が小さく、過剰貫通や跳弾による機器類の破損や火災、採掘クルー殺傷などの二次被害が出にくい。

サウンド・サプレッサー装備のMP５SDがとくにこの種の任務に適していた。銃声が抑えられているため、テロリストがプラットフォームや船上でこちらの位置を特定しにくい。また、普通の銃なら閉鎖空間で発射音が反響し、SBS隊員同士の連絡

MP５A３を構えながら上陸するポーランド海軍特殊部隊の戦闘潜水員（フロッグマン）。フラッシュライト内蔵のシュアファイア社製フォアアーム（先台）とイオテック社製ホログラフィック照準器を装着している。(L.Thompson)

にも支障をきたしかねない。

サウンド・サプレッサー・モデルならばその心配もない。加えてサウンド・サプレッサーは発射炎も小さくするので、油田プラットフォームや船舶内の可燃物に引火する危険も軽減される。

SBSはフォークランド島の奪還作戦で、MP５SDと同じくサウンド・サプレッサーを組み込んだスターリングL34A1サブマシンガンを使用し、上陸に先立つ急襲でアルゼンチン軍の歩哨を倒した。

『ブラック・ウォーター：知られざるSBSの世界』（邦題『SBS特殊部隊員』）で、著者のダン・キャムセルは厳寒の北海で行なわれた、石油採掘プラットフォーム急襲演習の模様を次のように記している。

> われわれは、潜航し時速15ノット（約28km）で航行する潜水艦のデッキにいた。北海の冷水から身を守るため「ウーリーベアー」と呼ばれる保温スーツを着用した。その上に防水バッグを着けており、このおかげで比較的楽に泳ぐことができた。軽量のブーツを履き、ホルスターには９mm口径のシグ・ザウァー・ピストルと予備マガジン４個、MP５用マガジンも4個入っている。潜水用ナイフはホルスターに収め腕または足に付ける。
>
> 装備品は身体にきつく固定され、水中でストラップが伸びるまではほとんど腰が曲げられない。さらに、装備品収納ベストには夜/昼用照明弾、MP５用マガジンがもう４個（銃に装着したものを含めて計９個あれば小規模戦闘に充

分だ）、ストロボライト、プラスチック製ストラップ手錠（捕虜を拘束するため）、VHF多重チャンネル無線機、遭難信号ビーコン、戦術・戦闘テクニック・マニュアルを携行する。MP５Ａ３は、隊員の利き腕によって右か左の肩にかけ、カラビナと呼ばれる金属リングをトリガー・ガードに通して装備品ベストの上に固定する。弾薬を装填したマガジンを挿入、チャンバーに初弾を送り込み安全装置をオンにする。最後の装備品はLAR5呼吸装置と救命胴衣だ。

これで映画の『メン・イン・ブラック』の登場人物そっくりになる。インベーダーから国を守る態勢は整った。（Camsell, *Black Water*. 17p）

キャムセルの記述には注目すべき点がいくつかある。まず、SBS隊員が携行する弾薬だが、銃に装着済みのものを含め拳銃用マガジン5個とMP５用マガジン９個と相当な量だ。

厳密に言えば、MP５の30連マガジンはフル装填せず28～29発にしておく。ベテラン隊員がこうするのは、容量いっぱいまで装填するとボルトを閉鎖した状態でマガジンを挿入しにくくなるからだ、同じ理由から、シグ・ザウァーP226ピストルの15連マガジンにも14発の弾薬を装填する。

SBS隊員にとって、武器は軽量小型のほうが使い勝手がよい。折りたたみ式ストック仕様のMP５Ａ３が選ばれた理由だ。スリングとカラビナで固定するのは、泳いだりカヌーで移動したり、高所へ登ったりする際に脱落させないためだ。

MP５の信頼性には定評がある。それでも隊員は常に作動不良に備え、緊急対応手段とすぐさまピストルに切り替えるテクニックをマスターしておく必要がある。キャムセルは作戦開始前に頭の中で行なう最終チェックを次のように記している。

> なにより重要なのは、緊急対処が完璧にできるかだ。MP 5が作動不良を起こしたら、自分やチームを危険にさらす前に問題を解決しなければならない（要は、サブマシンガンの故障をクリアするか、ピストルに切り替えるかの判断を数秒で下すことだ。それができなければ命を落とすかもしれない）。
> そして、撃ち合いという状況になったら、弾薬が正常に発射されているかに注意を払う。(Camsell, *Black Water.* 12p)

戦闘潜水員（フロッグマン）はマガジンを装着した武器を長時間水中で携行するため、弾薬の選択はとくに重要だ。

MP 5からピストルへの移行判断についてつけ加えるとすれば、戦闘のストレス下では、発射した弾薬数を忘れてしまうことがよくある。したがって、「作動不良」が単なる「弾切れ」でないことをまず確認する。

MP 5は最終弾を撃ち終えてもボルトが後退位置でホールド・オープン・ロックされないので、ボルトを引くか、マガジンを抜いて弾薬が残っているか確認する。

故障が送弾不良や排莢不良でない場合は、コッキングハンドルを引いてフックしボルトをロック。マガジンを抜きとり、新しいマガジンを装着、コッキングハンドルをフックから外しボルトを前進させる。

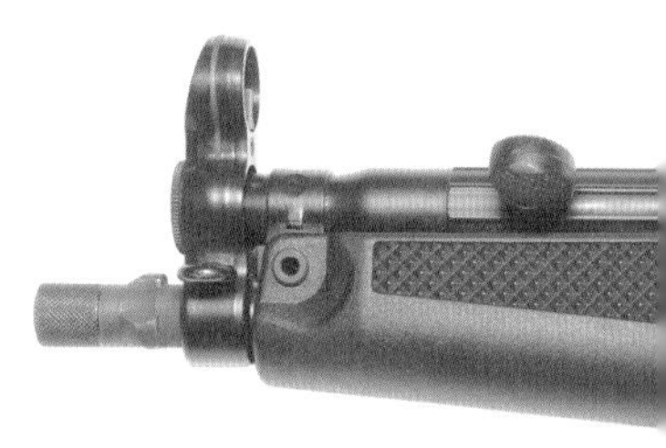

アメリカ海軍特殊戦部隊（SEALs）

SBS同様、アメリカ海軍特殊戦部隊（SEALs）もMP５が海上対テロ作戦に最適なことをすぐに理解した。だが、ドイツ製サブマシンガンの調達を上層部に納得させるのは容易でなかった。対テロ特殊部隊SEALs「チーム６」の初代指揮官を務めたリチャード・マルシンコは、自伝『ローグ・ウォーリア　一匹狼』の中でMP５導入の苦労を記している。以下、SEALs「チーム６」の購入物品を決裁する准将との会話である。

> 次にH&K社製９mm口径のMP５購入の件を持ち出すと、准将はまた文句を言った。「なぜ外国製なんだ？MAC-10サブマシンガンなら三分の一の値段で買えるぞ」「テッド、H&Kのほうが優れているからさ。精密射撃が可能なうえ性能が一貫している。つまり、われわれの任務に最適なんだ」「わたしは断固反対だ」准将は上官に電話入れ、わたしもボスに電話した。その結果、SEALs「チーム６」はMP５を購入することになった。（Marcinko, *Rogue Warrior*. 268-69p）

この会話が交わされたのは、SASがイラン大使館急襲作戦にMP５を使用してから数か月後のことである。マルシンコに反対した准将は特殊部隊のメンバーでないので、MP５の優秀さがまったくわかっていなかった。

アメリカ海軍の特殊部隊SEALs向けに改良されて製作されたモデルMP5Nサブマシンガン。特徴はサウンド・サプレッサーを装備するため銃身先端部にネジが切られ、滑りにくいチェッカーつきのハンドガードと強化されたストックのバットプレートが装備されているなどの点にある。(Tokoi/Jinbo)

10年後、マルシンコは要人警護や人質救出分野のセキュリティ・コンサルタントとして軍人を指導する立場になったが、高級将校が視察に訪れるとMP５を試射させている。MP５を撃つと、将校らはいつもより「軍人らしく」感じるのか、部下たちが受けている訓練に対する満足度も上がる。これもMP５のご利益だ。

SEALsに採用されるや、MP５はその優秀さを遺憾なく発揮した。元SEALsのハワード・E・ワスディンは自伝『シールチーム６』で、砂漠の嵐作戦中の体験を綴っている。空母ジョン・F・ケネディの艦上でSEAL「チーム２」の隊員が、機雷敷設中の敵艦を急襲する直前の様子である。

われわれは黒いBDU（訳注：バトル・ドレス・ユニフォ

2009年以降、多くの米海軍エリート部隊がソマリア沖のアデン湾に展開するNATO対テロ・タスクフォースに派遣されている。SEALsと海兵隊の特殊作戦部隊は、海賊とおぼしき船舶の臨検と人質救出任務を受け持ってきた。(次ページに続く)

なかでも、2009年４月12日にSEALsが遂行した人質救出作戦が有名だ。SEALｓ「チーム６」の狙撃手がソマリア人海賊３人を射殺し、拉致されていたマークス・アラバマ号の船長を無事救出したのだ。SEALsの隊員はヘリコプターや高速ゴムボートを使っての強行移乗や目標船舶まで潜水して到達する訓練を受けている。

このイラストでは、潜水して目標の船に到達したSEALs隊員が強行移乗している。動きやすいように、梯子を登る前に足ヒレを外していることに注意。呼吸装置のマウスピースも外しているが、目を守るため潜水ゴーグルは着けたままにしてある。

甲板の手すりを乗り越える時のために片手をフリーにしておく必要から、このような場合、ピストルを使う。イラストのシグ・ザウァーP226ネービーモデルはSEALsの制式ピストルだ。

もう１人の隊員はすでにピストルからMP５Nサブマシンガンに切り替え、AK47アサルトライフルで武装した海賊と交戦している。戦闘中、迅速にマガジン交換ができるよう、MP５のマガジンを２個束ねている。複数の空薬莢が宙に舞っていることから、MP５Nはフルオート・モードにセットされているのがわかる。

ームとは、1980年代から2010年代まで使われた米軍の野戦服。通常のものは迷彩パターン）の上に装備を着けた。

靴はアディダス製のGSG９アサルト・ブーツ。これは底のクッションが効いており、また、グリップがよく滑らない。足首をしっかり支えてくれるテニスシューズのようだ。濡れても大丈夫だし、上から足ヒレを簡単に装着できる。いまでもわたしのお気に入りの靴だ。

黒い目出し帽をかぶり、露出した皮膚にはペイントを塗って目立たなくする。手袋はグリーンのパイロット用グローブを黒く染めたもので、右手の人差し指は第２関節まで、親指は第１関節まで切り取って指が露出するようになっている。トリガーを引きやすくしたり、マガジン交換やスタン・グレネード（閃光発音筒）の安全ピン引き抜きを容易にしたりするためだ。

腕時計はカシオ製。砂漠の嵐作戦では、フセインが生物化学兵器を保有しており、使用も辞さないと考えられていたため、全員がガスマスクを腰のベルトに携帯した。

わたしはMP５と右のヒップ・ホルスターにシグ・ザウァー製の９mm口径ピストルを携行した。２個束ねたマガジンを好む者もいたが、動きが鈍くなるうえマガジン交換がしにくくなるので、MP５に用いるのは30連のマガジンを単独で装着した。左腿のホルスターに予備マガジン３個、バックパックにもう３個携行した。われわれは空母の艦尾から、武器の作動を確認するための試射を行なった。

（Wisdin, *SEAL Team Six.* 124-25p）

SEALsは首尾よく強行移乗を完了し敵艦を制圧した。MP５の引き金に指をかける場面も何回かあったが、発砲に至らずに済んだ。ほどなく敵艦はアメリカ沿岸警備隊に引き渡され、紅海にある友好国の港に曳航された。SEALsの隊員は使用するあらゆる武器に精通しているが、MP５も例外でなかった。

その晩、ウィル・ゴーチェ兵曹は2-01実習班を前に言った。

「ジェントルメン、これからH&KのMP５Aのオリエンテーションを始める。諸君らがこのサブマシンガンに惚れ込むこと請け合いだ。さまざまな任務に適しているが、われわれの場合、主に強制移乗と接近戦で使用する」

翌日、射撃場に戻った実習班の面々は、一方の腿にシ

強行移乗訓練中のSEALs隊員。写真手前で片膝ついているメンバーがマガジンを2個束ねたMP５Nで武装していることに注目。MP５Nの安全装置は左右両側にある。左手の親指でセイフティを操作でき、左利き射手にも使いやすい設計だ。

グ・ザウァー・ピストルを入れたホルスターを、もう一方の腿にマガジン・ポーチを装着していた。ピストル用マガジンは15連、MP５用マガジンは30連だ。

MP５に慣れるための射撃を終え、戦闘射撃訓練が始まる。MP５の回転ドラム式リアサイトとリング状のフード付きフロントサイトに慣れるに従い、ターゲットに命中させるのは容易になる。

ピストルの射撃と同様に、まず単一のターゲットから始めて、次に複数のターゲットに２発ずつ撃ち込むダブルタッピングに移行する。シグ・ザウァー・ピストルに比べても、MP５のほうが扱いやすく、命中率も高い。

MP５のマガジン交換を練習した後、ピストル射撃に移る。午後にはストレス・コースが待っている。射撃の正確さと迅速さが評価される課目で、２人ひと組で行なわれる。実習生はターゲットと同時にペアを組んだ相手にも注意を払う必要がある。(Couch, *The Finishing School.* 71-72p)

この訓練では、より大きなストレスを加えるため、実習生たちを競争させる。負けたほうの隊員にはランニングなどの追加運動が課される。

筆者は、民間軍事会社ブラック・ウォーターが所有するノースカロライナ州のトレーニング施設でSEALsの兵器訓練に立ち会ったことがある。拉致犯と人質に見立てた金属標的が使われていたが、人質を撃ってしまったり、テロリストを撃ち損ねたりした隊員には、この重い金属標的を抱えて走るペナルティが課せられていた。

戦術訓練でバリケード越しに射撃するSEALs。左の隊員は銃を右肩に構え撃っているので身体の大部分を敵にさらしていることに注意。言うまでもなくこのような状況では、左肩で構えるほうが撃たれる危険性が少ない。(US Navy)

射撃技術向上の動機付けになるだけでなく、SEALsの任務に不可欠な上半身の強靭さを鍛える一助にもなっていた。

MP５が使われる任務として、教官が強制移乗と接近戦を挙げていることにも注目してもらいたい。

特殊部隊や対テロ部隊はまだMP５を保有しているが、多くはＭ４カービンやＨ＆ＫのG36Kなどのアサルト・カービンを使用するようになった。これらの短銃身アサルトライフルは軽量小型であるうえ、5.56mm×45NATO弾を発射する。より遠距離からの交戦が可能になり、また、９mm×19弾では撃ち抜けない防弾チョッキも貫通できる。

人質救出作戦でのカービン使用には批判もある。過剰貫通や

ストックなしのMP５Kを射撃するフランス国家憲兵隊治安介入部隊（GIGN）の対テロ要員。MP５Kは、小型で隠しやすく、航空機内などの狭い空間でも取り回しやすくGIGNが好んで使う武器のひとつになっている。ストックがないないため、使いこなすには高い技量が必要で、GIGN隊員はそのための十分な訓練を受けている。(L.Thompson)

跳弾による二次被害がよく引き合いに出されるが、最近では着弾時に粉砕する特殊弾丸も供給されている。

現在、M４カービンやG36Kアサルト・カービンを主要武器とする部隊の隊員は、任務に応じてさまざまな武器を使い分ける訓練を受けている。MP５もそのひとつとして保有され続けるだろう。

カナダ 統合タスクフォース2（JTF2）

統合タスクフォース２（JTF2）は、1993年に創設されたカナダ軍の対テロ特殊部隊だ。軍事レポーターのデビッド・プリエ

ギリシャ海軍の特殊部隊、DYK（水中破壊部隊）の隊員はMP５SDサブマシンガンで武装している。MP５はギリシャのヘレニック・ディフェンス・システムズ社製だと思われる。(US NAVY)

セによれば、世界中の対テロ部隊がMP５を使用していることから、JTF2もMP５の採用に踏み切ったという。

プリエセは、MP５とJTF２に関してこう続ける。

多くの特殊部隊と同じく、JTF２もH&K社製のMP５系サブマシンガンをひんぱんに使用している。1960年代に設計されたドイツ製の９mm口径サブマシンガンは高い信頼性で知られ、レシーバーのセレクターでセミオートマチック射撃とフルオートマチック射撃を選ぶことができる。

5.56mm弾や.45ACP弾に比べ、９mm弾はリコイルが軽微で使いやすいとされている。クランプで束ねたマガジンを装着でき、戦闘下でマガジン交換を迅速に行なえる。

マガジンには15連と30連があり、簡易分解も工具なしで即座に可能だ。MP５はサブマシンガンとしては珍しくクローズドボルトからで発射する。オープンボルト式のサブマシンガンは、射撃の時にボルトが前進するため照準がわずかにずれやすい。MP５は引き金を引いた際にボルトが動かず、精密射撃に適している。

JTF2は、固定ストックのMP５A２、伸縮ストックのMP５A３、固定もしくは伸縮ストックでサウンド・サプレッサーを組み込んだMP５SDを使用している。

スタンダードのMP５の重量は３kg。連射速度は毎分800発だ。MP５SDはサイレンサー（サウンド・サプレッサー）が組み込まれている。バレルはサウンド・サプレッサー・チューブに包まれており、発射ガスはサプレッサー内部を迂回させられる。このプロセスで弾丸と発射ガスの速度が低下し、銃口を出る際は亜音速に近くなる。発射音は高圧空気が一気に抜け出るような感じだ。サイレンサーの手入れは簡単で、堆積した火薬の燃えかすを洗浄剤で洗い落とすだけだ。短縮型で隠しやすいMP５Kは対テロ部隊がよく使うもうひとつのモデルだが、JTF2が使用しているかどうかは不明だ。(Pugliese, *Canada's Secret Commandos.* 126p)

ほかの多くの対テロ部隊と同様、JTF２も模擬戦闘訓練にMP５で非致死性訓練弾シミュニッションを使用している。プリエセが記述している事故例で、高度に訓練された部隊でも訓練弾と実弾を混同しない細心の注意が必要なことがわかる。

1999年11月、あるJTF隊員がシミュレーション（訓練）弾演習の際、誤って２発の実包をMP５に装填した。このMP５にはバレルに訓練弾用のインサートが挿入されており、実包の発射でインサートが吹き飛ばされたが、幸いけが人は出なかった。

憲兵隊が取り調べた結果、射撃場の安全手順違反は認められず事故と断定され、発射したJTF２隊員は処罰されなかった。(Pugliese, *Canada's Secret Commandos.* 148p)

プリエセは「シミュレーション」弾薬としているが、おそらく「シミュニッション」のことだと思われる（訳注：シミュニッションは特定の訓練弾に付けられた商標）。

また「射撃場安全手順違反はなかった」というが、なんらかの違反があったはずだ。シミュニッション訓練を実施する前に、実包を持ち込んでいる隊員がいないかどうか質問や身体検査などで確かめるべきだった。

MP５を使用するその他の軍組織

MP５のユーザーはおびただしい数にのぼり、100か国以上の軍や警察が使用している。フランスやロシアなど、伝統的に自国製の武器を使ってきた国々ですらMP５を採用した。

1973年に創設された国家憲兵隊治安介入部隊（GIGN）や、1983年に創設された大統領警護隊（GSRP）が使用していることからもわかるように、フランスはアタッシェケースに隠せるMP５Kをとくに気に入っているようだ。

SBSやSEALsなどが証明したとおり、MP５は海軍の特殊作戦にきわめて適した性能を備えている。MP５を使用する海軍部隊には以下のようなものがある。

オーストラリア海軍特殊部隊の戦術襲撃グループ、バングラデッシュ海軍の特殊戦および潜水救難部隊（SWADS）、カナダ海軍の移乗攻撃部隊、デンマーク海軍のフロッグマン（戦闘潜水員）部隊、ドイツ海軍のフロッグマン（戦闘潜水員）部隊、ギリシャの水中破壊部隊（DYK）、とくにMP５SDサブマシンガンの使用で知られるインド海軍特殊部隊マリーン・コマンドーズ（MARCOS）、インドネシア海軍のコマンド・フロッグマン部隊（KOPASKA）、マレーシア空軍特殊戦部隊（PASKAL）、ポーランドの海軍特殊作戦部隊（JW Formoza）、モロッコ憲兵隊、シンガポールのコマンド・フロッグマン部隊などだ。バチカンのスイス衛兵（訳注：バチカン市国とローマ法王を警護するスイス傭兵部隊）もMP５を使っている。

突入作戦を行なうポーランドの作戦機動対応部隊（GROM）隊員。先頭に立つポイントマンはMP５SDをスリングで吊るし、H＆K社製のUSP（ユニバーサル・サービス・ピストル）を構えている。その後方には援護隊員が持つMP５の銃口が見える。ポイントマンがピストルを使うのは、ドアや障害物を処理したり、部屋の中を覗き込む検査装置を扱ったりするため、片手を空けておく必要があるからだ。（J. Thompson）

王立カナダ騎馬警察官緊急対応チームのメンバー。警察官のMP５A３にはフラッシュライトとEOTech社製ホロサイトが装着されている。（L.Thompson）

第5章
MP5が与えたインパクト

基本設計の確かさ

MP５の最も重要な貢献は、第２次世界大戦後、サブマシンガン開発への新たな関心を呼び起こしたことだろう。

第２次世界大戦中、サブマシンガンは歩兵分隊、空挺部隊や特殊部隊、そして憲兵隊や支援部隊でも広範に使用された。接近戦で大きな制圧火力を発揮するトンプソン・サブマシンガンは、太平洋戦線のアメリカ海兵隊に人気があったが、当時のライフルやカービンに比べ重量があった。

ドイツ軍の侵攻に直面したイギリスは、廉価で使いやすいステン・サブマシンガンを開発した。ステンは、空挺部隊をはじめとする多くの部隊で使用された。後継として開発されたスターリング・サブマシンガンは、少なくとも第１次湾岸戦争までイギリス軍の現用武器で、主に憲兵隊、車両搭乗員、その他の支援要員が使用した。

第２次世界大戦直後に使用されたサブマシンガンは、ほとんどが大戦中に開発されたものだった。たとえば、朝鮮戦争で使われたステンやPPSh-41、そしてM３などは、いずれも大戦を戦ったベテラン兵器だった。

戦後、MP５以前に開発されたサブマシンガンでは、1951年にイスラエル陸軍が採用し現在も広く使われているウジの影響力が最も大きい。ウジは建国後に近隣のアラブ諸国からの攻撃にさらされる市民兵やキブツの民間人に自衛手段を与える目的で設計された。

ピストル・グリップがマガジン装着部になっており、戦闘中

ギリシャの軍需産業ヘレニック・ディフェンス・システムズ（ESA）製のMP５。異なるトリガー・システム・グループを採用している。プラスチック製のショルダーストック、ハンドガード、ピストル・グリップは黒色だけでなく、緑色系のものも製作している。同様の部品はドイツやパキスタン製でも見受けられる。ギリシャ製MP５の興味深いオプションは、セレクターにクロスボルトを組み込んだことだ。フルオートマチック射撃にセレクターをセットする際に、クロスボルトを押し込む必要がある。(C&S)

にも直感的にマガジン交換ができるなど、信頼性も高く扱いやすい。

MP５は精密射撃能力で高く評価されてきたが、ウジも優れた射撃性能を備えている。ウジは最終的に70か国以上で採用され、多くがいまも現役兵器にとどまっている。

このほか大戦後に開発されたサブマシンガンで注目に値する製品に、アメリカのイングラム、イタリアのベレッタM12、スペインのスターZシリーズなどがあるが、ウジとMP５の成功には遠く及ばない。

MP５の成功と後継機種への影響力は、大部分が基本設計の確かさによるものだ。しかし同時に、イラン大使館急襲作戦を映像にとらえたTV局クルーもMP５の成功に大きく貢献した。

マレーシア空軍特殊部隊PASKAUのメンバーは、MP５にサウンド・サプレッサーやEOtech社製ホロサイトを装着したものなど、さまざまなオプション装備品を付けて武装している。この部隊は戦闘捜索・救難やハイジャック機からの人質救出などの対テロ作戦を行なう。(L.Thompson)

イギリス陸軍特殊空挺部隊（SAS）の名声は、同部隊の主要武器、MP５の名声でもある。この事件以前、SASとドイツ連邦警察特殊部隊（GSG９）に影響されたいくつかの対テロ部隊がMP５採用に踏み切ったが、イラン大使館事件後、MP５は警察の対テロ部隊や軍の特殊部隊にとって「絶対条件」になった。

パキスタンPOF（パキスタン・オーディナンス・ファクトリー：パキスタン兵器工廠）でライセンス生産されたMP５は高品質で定評がある。ストックやハンドガードの色調がやや異なることやピストル・グリップの質感の違いを除けば、オリジナルとほとんど同一だ。(L.Thompson)

世界各国でライセンス生産

もうひとつのインパクトに、MP５をライセンス生産している国々の多さがある。ギリシャ、イラン、メキシコ、パキスタン、トルコなどである。スーダンのMP５派生型のテハフガ・サブマシンガンは、国営の軍需産業コーポレーションでイラン製の工作機器を用いて生産された。

H&K社製のオリジナル製品より安価なギリシャ製やトルコ製のMP５も、アメリカの警察組織でよく見かける。当初、ギリシャのMP５は国営のヘレニック・アームズ・インダストリー（EBO）が生産したが、ギリシャのEU（ヨーロッパ共同体）への加盟により同社は民営化され、ヘレニック・ディフェンス・システムズ（EAS）に社名変更した。

トルコのMP５は政府系の軍需産業会社MKEKで生産された。アメリカにも輸出され、民間需要向けのセミオートマチックに限定した製品の販売で一定の成功を収めた。MKEK社のAT94-A2セミオートマチック・カービンは、アメリカに一時期

ブリーフケースに組み込まれたモデルMP5Kとその射撃シーン。重武装の警備を好まないVIP、政治家の警護用にH&K社は目立たないように携行できるケースに組み込んだMP5Kを制作した。ブリーフケースのハンドルのトリガーを引いてそのまま射撃可能。(Tokoi/Jinbo)

輸入されていたH&K社製HK94セミオートマチック・カービンによく似ている。

AT94-A2セミオートマチック・カービンは、アメリカで「短銃身ライフル」の規制外の「カービン」に区分される長さ413mmのバレル（銃身）を備えている。

MP５と同じくクローズドボルト式と遅延ブローバック・シ

ステムが組み込まれているが、射撃モードをセミオートマチックに限定してある。また、マガジンの装弾数を規制する州でも販売できるよう、装弾数の多いMP５のスタンダード・マガジンは使用できない構造になっている。

この銃で使用する10発マガジンは、AT94-A2カービンの輸入代理店のATI社が供給している。ATI社はMKE94Kピストルも輸入している。

MKE94KピストルはMP５Kをセミオートマチックに限定したもので、ショルダーストックは付いておらず、短い銃身はそのままだが、法律上セミオートマチック・ピストルに分類されている。MKE94KピストルもMP５のスタンダード・マガジンは使えない構造だ。

パキスタンのMP５は、国営のPOF（パキスタン・オーディナンス・ファクトリー：パキスタン兵器工廠）が製造している。POF製のMP５は、これを使用した銃器エキスパートからもH&K社製に劣らないと、高く評価されるほどだ。

中国は無許可でMP５のコピー製品を製造している。中国はパキスタンとの関係が良好で、パキスタン製のMP５を数年前に購入したと伝えられており、このコネクションから製造情報を入手して模造したものと考えられる。この海賊版MP５は中国北方工業公司（Norinco）がNR08サブマシンガンのモデル名で輸出している。

サウジアラビアは国営軍需産業会社のMIC社がMP５をライセンス生産している。セレクターの「S-E-F」表示はスタンダードの赤の代わりに緑で、左側面のセレクターはアラビア文字で表示されている。

このMP５は、サウジアラビアのさまざまな警察組織と軍部隊で評価が高い。筆者は見たことがないが、サウジアラビア王室警備隊の訓練を担当した知人によると、下士官と兵卒用は銀メッキ、士官用が金メッキされているという。これらのMP５はドイツ製らしい。一説には、金銀メッキのMP５はヨルダンでも使用されているという。

MP５の後継機種

ユニバーサル・サブマシンガン（UMP）

HK社はG３アサルトライフルの後継としてG36を開発した。同様にMP５の後継とも考えられるUMPサブマシンガンを開発した。もっともMP５は現在も継続して製造されているから、純粋な意味で後継機と呼ぶのは適当でないかも知れない。

ドイツ生まれのMP５と異なり、UMPは.45ACP弾薬を使用できるサブマシンガンの需要に応えるため、アメリカのH&K USA社が主導して設計した。

H&K社は以前から任務に応じて部品コンポーネントを容易に組み替えることが可能なモジュール式サブマシンガン計画を進めていた。UMPは、このプロジェクトから派生したといえる。

モジュール式サブマシンガンの開発プロジェクトは1990年代に進められ、MP2000とMP５-PIP（プロジェクト・インプルーブド・プロトタイプ）が開発された。これらの試作プロトタイプに改良を重ねてUMPが完成し、1999年の半ばに供給を開始した。

MP５がG３アサルトライフルのデザインを踏襲したように、UMPはG36アサルトライフルの設計をベースにしている。写真はG36Kアサルト・カービン。G36は興味深い特徴が多く、たとえば近接戦用のレッド・ドットサイトと３倍遠距離用の光学照準器が併用していることなどだ。SIG550シリーズ・アサルトライフルと同様、G36の30連マガジンは側面の突起で数個を並列に連結できる。折りたたみ式ストック付きのコンパクト設計、良好な遠距離射撃能力と強力な制圧火力を兼ね備えるG36Kは特殊部隊で高い評価を得ている。(L.Thompson)

UMPにはG36アサルトライフルとよく似た特徴や部品が組み込まれている。たとえば部品の多くをガラス繊維で強化したポリマー材で製作し、強度の必要な部分を金属インサートで補強する設計が挙げられる。バレル（銃身）は、コールドハンマリング（冷間鍛造）で製作され、バレル内面をクロムメッキしてある。ライフリング（施条）は独特なポリゴナル（多角形）になっている。

MP５がローラー式のハーフロックを組み込んだ遅延ブローバック方式なのに対し、UMPは単純なクローズドボルト式のブローバックで設計された。これによってUMPは、MP５に不可欠だったチャンバー（薬室）の細かい縦溝が不要になった。UMPから排出される空薬莢にはMP５に特有だった縦溝のカーボン・マークが付かない。

UMPのレシーバー上面には軍規格番号1913のピカティニーレール（オプション取り付け台）があり、光学照準器などを容易に装着できる。ハンドガードの側面や下面にピカティニーレールを追加装備することも可能だ。ポスト式のフロントサイトと跳ね上げ式のリアサイトを標準装備している。折りたたみ式ストックのデザインは優秀で、フルオートマチック射撃中のコントロールを容易にしている。ブルガー&トーメ社（訳注：スイスの特殊防衛装備品製造会社。現在の社名はB&Tに改称されている）製のサプレッサーが標準装備である。

UMPはスプリング・ピンを抜き取るだけで、上部レシーバー、下部レシーバー、ストックの基本コンポーネントに分解で

UMPサブマシンガンで武装したアメリカ合衆国税関・国境警備局のメンバー。（U.S. Customs & Border Protection）

きる。G3アサルトライフルなどと同様、分解したスプリング・ピンを差し込み、紛失を防ぐための小さな円孔がストック部に設けられている。

.45ACP弾薬を使用するUMP45に加え、9mm×19弾薬を使用するUMP9と.40S&W弾薬を使用するUMP40が供給されている。それぞれのモデルは、銃身部分、ボルト、マガジンを交換して異なる口径に変更できる。

マガジンはポリマー製で、装弾数は9mm×19弾薬と.40S&W弾薬用は30発、.45ACP弾薬用は25発だ。9mm×19弾薬用のマガジンはわずかに湾曲しており、.40S&W弾薬用と.45ACP弾薬用のマガジンはストレート・タイプ。マガジン側面に透明なスリット部分があり、中の残弾を確認できる。

UMP9はポリマーを多用して製作された結果、MP5A2に比べ10%、MP5A3サブマシンガン比べ25%軽量化された。

MP5A2/MP5A3の連射速度が800発/分なのに比べると、UMP9とUMP40は650発/分に抑えられており、フルオートマチック射撃中のコントロールがしやすい。

セレクター・スィッチは4ポジションあり、「安全」「セミオートマチック」「2発分射」「フルオートマチック」から選択できる。

セミオートマチック・モードに限定したカービン・モデルもあり、いくつかの法執行機関が採用している。UMP45は、フルオートマチック射撃のコントロールを容易にするため、発射速度はUMP9やUMP40より低い600発/分に設定されている。

MP5と異なり、UMPは最終弾を撃ち終わるとボルトが後退したホールド・オープン状態でロックされる。ボルト・リリース・スイッチ（訳注：ボルトを前進させるボタン）は銃の左側面にあり、これを押すとボルトが前進して閉鎖される。

射撃を継続するときには新しいマガジンを装着したあと左手

UMPで武装したタイ海軍特殊戦部隊SEALのメンバー。UMPは優れた耐久性で知られ、H＆K社は10万発まで耐用すると公示している。アメリカの法執行機関向けに売り込みを図った際は耐久性だけでなく、MP５をかなり下回る価格を提示した。新素材のポリマーを多用したUMPの高い信頼性は、重量増加を招かずに実現された。UMPの重量は45ACP弾薬を使用する平均的なサブマシンガンに比べ、約半分の2.5kg。(US NAVY)

でこのスイッチを押してボルトを前進させる。M４カービンやM16アサルトライフルのボルト・リリース・スイッチに似た形式で、アメリカのユーザーにとってなじみ深い機能だろう。

左右両面から操作できるセレクター・スイッチは人間工学に配慮したデザインで、指の短い射手にも使いやすく設計されている。

射撃モードの選択位置はMP５と同一である。したがってMP５からUMPへの転換トレーニングは容易だが、MP５の操作に慣れた者がUMPに移行する場合、マガジンを再装着した後にボルト・リリースを押すのを忘れないように注意する必要がある。UMPのマガジン挿入口はすそ広がりになっており、MP５より迅速にマガジンを装着できる。

著者はUMP40を試射した際、フルオートマチック射撃を続けると銃に装着したスポットライトの電球が割れてしまうことに気づいた。試射したのが初期のUMP40サブマシンガンだったので、現在のモデルではおそらく改善されているだろう。

LEDライトを用いればこの欠陥は簡単に解消できる。UMPはMP５ほどの成功は収めていないが、12か国以上の軍隊や警察が採用している。

MP７（PDW）

MP７は、MP５やUMPとともにすでに10年以上生産されている。その運用法からPDW（個人防衛火器）とも呼ばれる。

MP７は、ほかのH&K社製のサブマシンガンに用いられているブローバック方式と異なり、ガス圧利用方式で設計されG36アサルトライフルの構造に似ている。

ショート・ストローク・ガスピストンと、これでロックを解除するフル・ロックの回転式のボルトが組み込まれており、クローズドボルトから射撃する。

MP７は、これまでのサブマシンガンと異なり、ピストル用ではない独自の4.6mm×30弾薬を使用する。この新型弾薬は防弾チョッキを貫通できる性能を目標に設計され、重量31グレイン（約２グラム）の徹甲弾丸を735m/秒の高速で発射する。

H&K社の軍用製品カタログでは、「旧ワルシャワ機構加盟国軍の特殊部隊員が着用する防弾チョッキを貫通できる」と記載されている。

カタログによれば、MP７A１とその弾薬は、NATOのPDW性能要求に従って開発された。NATOが小火器共同研究で定義した20層のケブラー繊維と1.6mm厚のチタニウム防弾板を組み合わせた仮想敵側のCRISAT防弾チョッキを200m以上の距離から貫通できる。（HK USA. *Heckler & Koch Military and Law Enforcement.* 7p）

MP７とMP７A１のライバルはサブマシンガンではなく、FN社の開発したFN P90（PDW）のはずだった。しかし皮肉にも、MP５からMP７やMP７A１に鞍替えしたユーザーもいくつか存在する。

MP７は、金属インサートで補強した炭素繊維強化ポリマーの部品を可能な限り用いており軽量だ。4.6mm×30弾薬の反動も小さいため射撃しやすい。ガス圧利用方式で作動するように設計され、回転ロックのボルトが組み込まれており、ボルトが前進したクローズドボルトで射撃する。

片手で射撃することも可能だが、ショルダーストックを引き

MP7を構えるイギリス国防省警察の対核・生物・化学兵器部隊の隊員。(Readyphot)

出し、ハンドガードの前方下面のバーチカル・グリップを握り両手で保持すれば命中精度が向上する。

射撃モードを選択するセレクター、マガジン・キャッチ、ボルト・キャッチなどが左右両面にあり、右利き左利きにかかわらず操作可能だ。

M４カービンのものに似たT字型のコッキングハンドルがレシーバー上部後端に装備されている。ウジ・サブマシンガンのようにピストル・グリップにマガジン装着部が設けられ、装弾数20発、30発、40発の各マガジンが使用できる。

ピストル・グリップのマガジン挿入口は、視覚に頼らず直感的にマガジン交換ができるという。

FN社製のP90は、ブローバック方式で作動し、フルオートマチック射撃とセミオートマチック射撃の切り替えが可能だ。5.7mm×28弾薬は低進性（訳注：弾道が直線に近いこと）がよく、有効射程は100m以上ある。また徹甲弾を使用した場合、ヘルメットや防弾チョッキを貫通できる。P90はNATOのPDW要求性能に沿って設計され、小型で軽量ながら９mm×19弾薬を使用する武器より遠射性能や貫通能力で優れており、装弾数も多い。レシーバー上部に装着するマガジンには50発の弾薬を装填できる。フルオートマチック射撃の連射速度は900発/分。軽量だか速射時のコントロールは驚くほど容易だ。初期型は多重円の中心に照準ドットを持つ小型スコープが標準装備だった。その後、平坦なレシーバーにさまざまな照準器が取り付けられる３つのピカティニーレールを設けたトライレール・モデルが生産されるようになった。P90サブマシンガンは、警察組織や軍の特殊部隊、要人警護チームなどから高く評価されている。（L.Thompson）

レシーバー上面のピカティニーレールにはさまざまな光学補助照準器を取り付けられる。調節可能な金属サイトも標準装備しており、故障で光学照準器のレッド・ドットが見えなくなった場合でも、ホロサイトを通し金属サイトで照準できる。

MP７は各国の軍や警察の特殊部隊で使用され成功を収めている。採用している組織を挙げると、オーストリア警察特殊部隊コブラ、フランス国家憲兵隊治安介入部隊（GIGN）、ドイツ連邦警察特殊部隊（GSG９）、インドネシア陸軍特殊部隊、アイルランド警察、陸上自衛隊特殊作戦群、韓国陸軍第707特殊任務大隊、イギリス国防省警察、アメリカ海軍特殊戦部隊（SEALs）などである。

MP7A1を持つマレーシア海軍の戦闘潜水員。（Rizuan）

イギリス国防省警察はセミオートマチック射撃に限定されたモデルMP７-SFを採用している。MP７はMP５Kと同様の任務で使われることが多く、大腿部に装着する航空機搭乗員用ホルスターや、要人警護チームが使用する着脱可能コンシールメント・ハーネス/スリングが開発されている。

第6章
最強の精密射撃マシン

MP5で武装したドイツの警官。この写真ではマガジンを2本連結していることに注意。2005年8月撮影。(Caro/Alamy)

「ピンポイント攻撃」に最適

MP５が優秀なサブマシンガンであることに議論の余地はない。しかし、MP５の成功はその性能ばかりではなく、いくつかの状況が有利に働いたからでもある。

国際社会にショックを与えた1972年のミュンヘン・オリンピックのテロ事件で、各国政府はテロが国民と国家の威信に及ぼす危険を自覚した。この結果、各国で人質事件への対処能力と装備品を兼ね備えた対テロ部隊が次々に創設された。

当初は、既存の武器と装備品で任務についたが、他国の対テロ部隊と合同訓練や情報交換を行なうようになると、装備品は最も任務遂行に適したものへと集約、高性能化し、より万国共通になっていった。

1966年、旧西ドイツの連邦警察と国境警備隊がMP５を選定・採用したことは、MP５にとって大きな契機となった。

ミュンヘン・オリンピック事件当時、ドイツ警察にMP５を装備した部署が存在していたことになる。実際に出動したミュンヘンのバイエルン州警察はワルサーMPLサブマシンガンを使用しており、MP５の出番はなかった。しかし後年、この事件を契機にドイツ連邦国境警備隊（BGS）の中に国境警備隊第９グループ（GSG９）が創設され、標準装備の中にMP５が含まれていた。

GSG９との合同訓練を通じ、イギリス陸軍特殊空挺部隊（SAS）など各国の対テロ部隊はMP５の存在を知り、相次いで採用に踏みきった。

SASがイラン大使館占拠事件に投入された1980年までには、SAS対テロ部隊の主要武器はMP５になっていた。SASによる急襲作戦が全世界に放映されたことで、MP５は対テロ作戦やSWAT、そして特殊任務部隊に不可欠な武器として定着した。

優れた精密射撃能力、狭い場所でも取り回しがよいコンパクトさ、信頼性、連射時でも容易なコントロール、そして、しばしばテロの現場になる建物、航空機、船舶などで過剰貫通による二次被害を出しにくいことを考え合わせると、MP５の選択は賢明だった。MP５はさまざまな任務において「ピンポイント攻撃」が可能な武器なのだ。

防弾チョッキを身に着けた相手に対するストッピングパワーと貫通性能が求められるようになったことから、多くの対テロ部隊ではMP５からアメリカのM４カービン、ドイツのG36Cカービン、SIG552カービンなどの短縮型アサルトライフル、あるいはP90やMP７などのPDWへの換装が進行している。

それでも、MP５KやMP５SDなどは特殊な状況に備えて保管されている。

アメリカの警察機関が広く採用

MP５が登場して間もない頃、パトロールカーに搭載するパトロール・カービンの需要が伸びたことも追い風となった。ドイツなど警察が伝統的にサブマシンガンで武装してきたヨーロッパの国々では、MP５に対する注目が急速に高まった。

第１次世界大戦中、アメリカ軍が塹壕戦にショットガンを投入し、これをドイツが非難したことからわかるように、ヨーロッパではショットガンの対人使用は「野蛮」だと考えられていた。

これに対し、アメリカではショットガンをパトロールカーの搭載武器としてきた。しかしアメリカの多くの警察組織も、

MP５のセレクティブファイアーモデルやセミオートマチック射撃に限定したモデルを採用した。

折りしもアメリカで女性や体格の小さい男性も警察官として雇用され始めた頃で、新人警察官にとってMP５はライオット・ショットガンの願ってもない代替となった。

MP５は、ショットガンより離れたターゲットに対して狙いが正確で、反動も小さくはるかに射撃しやすかったからだ。

イギリスをはじめとする各国も、セミオートマチック限定のMP５が、パトロールカーに搭載する武器として理想的であることを理解していった。

本書執筆時、MP５は登場してから半世紀の節目を迎えようとしている。運用歴70年のウジ・サブマシンガンには及ばないが、MP５はこれからも長く使用され続けるだろう。

洗練されたデザイン

これらの２機種のサブマシンガンを比較することで、近代サブマシンガンのデザインに関する興味深い考察ができる。

ウジはイスラエルの市民兵と治安部隊を武装する目的で作られたきわめて実用本位の銃で、その単純な構造の基本設計と堅牢さには定評がある。

これに対し、MP５は洗練されたデザインで、高い精度で製造された銃の典型だ。民兵用の武器ではなく、高度に訓練された特殊部隊や対テロ部隊が使用するためのサブマシンガンだ。

前述のとおり、MP５は精密射撃能力が高い。だが、MP５に触発されてクローズドボルトから発射できる構造に改良された最新のウジを、イスラエル国防軍のエリート特殊部隊「サイレ

イラク戦争後、復興のために活動する要員などの自衛用としてスイスのB＆T社が開発したモデルMP5KPDW（パーソナル・ディフェンス・ウェポン：個人防衛武器）。その後ドイツのH&K社が製造した。小型で携帯性がよいことから採用した軍や警察の特殊部隊も多い。(Tokoi/Jinbo)

ット・マトカル」のベテラン射手が使えば、MP５並みの正確な射撃が可能だ。

ドイツ産まれのサブマシンガンが大きな成功を収めた事実には、先例がある。第１次世界大戦末に開発されたMP18/Iは、実戦投入された初のサブマシンガンであり、第２次世界大戦中にドイツ軍が多用したMP38とMP40は、すべてが金属とプラスチック（ベークライト）で構成された当時最も革新的なサブマシンガンだった。

対テロ部隊や特殊部隊のMP５は、弾丸の貫通能力に優れたライフル弾を使用するアサルト・ライフル（アサルト・カービン）によってその地位が脅かされている。

それでも、MP５は今後も長く、現役兵器としてとどまると考えられる。MP５はすでに「クラッシック・サブマシンガン」の殿堂入りを果たし、銃器史に残した遺産はこれからもその評価を高めていくだろう。

参考文献

Barnett, helen (1999). *Urban Warrior: My Deadly Life with the Police Armed Response Unit*. London: Blake.

Camsell, Don (2000). *Black Water: A Life in the Special Boat Service*. London: Lewis International.

Collins, steve (1997). *The Good Guys Wear Black: The Real-Life Heroes of the Police's Rapid-Response Firearms Unit*. London: Century.

Couch, Dick (2004). *The Finishing School: Earning the Navy SEAL Trident*. New York, NY: Crown Publishers.

Coulson, Danny o. & Elaine Shannon (1999). *No Heroes: Inside the FBI's Secret Counter-Terror Force*. New York, NY: Pocket Books.

Davies, Barry (1994). *Fire Magic: Hijack at Mogadishu*. London: Bloomsbury.

Firmin, rusty & Will Pearson (2011). *Go! Go! Go!: The SAS, The Iranian Embassy Siege, The True Story*. London: Phoenix.

Gangarosa Jr., Gene (2001). *Heckler & Koch: Armorers of the World*. Accokeek, MD: Stoeger Publishing Co.

Gearinger, stephen (1999). "HK UMP 45," *Small Arms Review*, February 1999: 43–52.

"George, Jackie" with susan ottaway (1999). *She Who Dared: Covert Operations in Northern Ireland with the SAS*. Barnsley: Leo Cooper.

Gray, Roger (2000). *The Trojan Files: Inside Scotland Yard's Elite Armed Response Unit*. London: Virgin.

HK International Training Division (n.d.). *MP-5 Armorers Instruction*.

HK USA (n.d.). *Heckler & Koch Military and Law Enforcement*

(catalog). Columbus, GA: Heckler & Koch USA. www.hk-usa.com (accessed June 16, 2013).

HK USA (1993). *Heckler & Koch MP5 Submachine Gun Family*

Operator's Manual (draft version). Sterling, VA: Heckler & Koch, Inc.

Hobart, F.W.A. (1973). *Pictorial History of the Sub-Machine Gun*. New York, NY: Charles Scribner's Sons.

James, Frank W. (2000). *Heckler & Koch's MP5 Submachine Gun*. Pahoa, HI: Polynesian Productions.

Jones, Richard D., ed. (2007). *Jane's Infantry Weapons, 2007–2008.* Coulsdon: Jane's Information Group, Ltd.

Kennedy, Michael paul (1989). *Soldier "I" S.A.S.* London: Bloomsbury.

Marcinko, Richard (1992). *Rogue Warrior.* New York, NY: Pocket Star Books.

Nelson, Thomas B. & Daniel D. Musgrave (1980). *The World's Machine Pistols and Submachine Guns.* Alexandria, VA: TBN Enterprises.

Pugliese, David (2002). *Canada's Secret Commandos: The Unauthorized Story of Joint Task Force Two.* Ottawa: Esprit de Corps Books.

Schatz, Jim (2000). "The New HK MP5F Submachine Gun," *Small Arms Review,* January 2000: 64–68.

Scholey, pete (1999). *The Joker: 20 Years Inside the SAS.* London: Andre Deutsch.

Scott-Clark, Kathy & Adrian Levy (2013). *The Siege: 68 hours Inside the Taj Hotel.* New York, NY: Penguin Books.

Smith, Stephen (2013). *Stop! Armed Police!: Inside the Met's Firearms Unit.* London: Robert Hale.

Wisdin, Howard E. & Stephen Templin (2011). *SEAL Team Six:*

Memoirs of an Elite Navy SEAL Sniper. New York, NY: St.Martin's Press.

Zimba, Jeff W. (2010). "MKE AT-94A2 9mm Carbine," *Small Arms Review,* August 2010: 26–31.

監訳者のことば

MP５は数奇な運命をたどったサブマシンガンだ。

その源流は第２次世界大戦中、ドイツ敗戦の数か月前にマウザー社のアルテンベルガー率いる技術者チームが開発したディレイド・ブローバック（遅延ブローバック方式）のメカニズムにローラーを用いたハーフ・ロック・システムにまでさかのぼることができる。

敗戦のためこのシステムがすぐに日の目を見ることはなく、戦後、このアイデアを携えたチームの技術者たちはスイスやフランスに離散しながらも、その後も研究を続行した。

その中の１人がフォルグリムラーで、彼はフランスを経てスペインのセトメ社に移り、ハーフ・ロック・システムを組み込んだアサルト・ライフルを完成させた。

この開発の過程で、同じマウザー社出身の人々によって創設されたヘッケラー＆コッホ社（Ｈ＆Ｋ）と協力関係が成立し、同社はセトメ社のライフルを原型にして7.62mmNATO弾薬を使用するG３アサルト・ライフルを完成させた。

G３はドイツ（西ドイツ）軍の制式ライフルに採用され量産が開始される。これによって経済的に余裕ができたＨ＆K社は、G３のメカニズムをもとに多くの部品を共用したマシンガンやサブマシンガンの開発を本格化させた。

このシステム・ウェポンと呼ばれる小火器の中のサブマシン

ガンがHK54だった。HK54はドイツの陸軍、国境警備隊、警察などへテストに供され、本格的な量産はされなかったが、このテストの結果を反映した改良量産型がMP５だ。

量産型のMP５は完成したものの、当初は営業的に苦戦した。MP５は、試作型のテストのときから良好な命中精度や射撃時の反動が小さいことなど、性能は高く評価されていた。しかし、最大のネックは高い価格だった。

MP５はシステム・ウェポンのひとつとして開発されたため、G３を小型にしたような構造と外観を備えている。多くのオープン・ボルト式のサブマシンガンが、単純な構造で製造単価が低く抑えられているのに比べ、MP５はアサルト・ライフルと同等の部品点数があり、その結果、製造コストもほぼ同じ程度になってしまう。

ドイツの国境警備隊や警察は、警備活動や武器使用をともなう職務執行を市街地で行なうことも想定して、高い命中精度が二次被害を最小限に抑えることをよく理解していた。そのため、国境警備隊や警察の一部は高い価格にもかかわらず、MP５を採用した。

それでも高価が災いして、MP５が広く海外にまで輸出されるまでには至らず、好調とはいえない営業成績が続いた。

この状況を変えたのが、アフリカのソマリア、モガディシュ空港でのハイジャックされたルフトハンザ機の人質救出作戦だった。本書でも紹介しているこの作戦の奇跡的ともいえる成功は、大きな注目を集め、それまで秘密のベールに覆われていたドイツの対テロ部隊、GSG９（グレンツシュッツ・グルッペ・ノイン）を一般の人々が初めて知る機会になった。

作戦の成功後に記者会見したこの部隊の創設者であり、当時の指揮官でもあったウーリッヒ・ヴェグナーは、作戦で使用されたMP５SD（初期型）を手にしていた。この時のヴェグナー隊長の写真は世界中に配信され新聞の紙面を飾った。

この事件後、MP５は特殊部隊がテロ対処行動において効果的な武器であると、ヨーロッパをはじめ諸国の軍や治安機関が認識するところとなり、それまでとは一転してH＆K社に世界中から引き合いが相次いだ。対テロ作戦を成功させるためなら高価なことも問題ではなくなった。１枚の報道写真がMP５に大きな転機をもたらしたのだ。

本書ではMP５が広く認知されるようになった契機を、ロンドンのイラン大使館占拠事件としている。だが、MP５がこの事件までに主要国の対テロ部隊の主要武器として広く定着していたことを考えると、MP５の最大の転機がモガディシュ空港でのハイジャック機人質救出作戦の成功とMP５SDを手にしたヴェグナー隊長の写真だったことに疑いはない。私はこのことについて関係者から直接聞いているので、まず間違いない。

現在、防弾チョッキを着用したテロリストに対抗するため、ピストル弾薬を使用するサブマシンガンに代わり、防弾チョッキを貫通できるライフル弾薬を使用するバレルを切り詰めたアサルト・ライフル／カービンが対テロ部隊の武装として普及しつつある。

だが、すべてのテロリストが防弾チョッキを着用しているわけではなく、また、街中や人の往来が多い場所で行なわれることもある対テロ作戦に、MP５はその優れた性能と実績から間違いなく必要とされる。このニーズがある限り、MP５は対テロ部隊の主要な武器として使用され続けることだろう。

MP５はドイツ的な緻密さが生み出したサブマシンガンで、しかもドイツ人の好きなシステム・ウェポンのひとつとして設計された。

本書『MP５サブマシンガン』（原題：THE MP5 Submachine Gun）は、その開発、誕生から、やがてＨ＆K社を牽引する代表製品のひとつになっていく過程と、メカニズム、運用の実際に至るまで詳述しており、MP５が、いまや世界中の対テロ部隊必須の武器になっている理由とこの背景を解き明かしている。

なお、監訳にあたってはメカニズム、とくに各部の作動の仕組みやプロセスについて、原書にある著者の記述と私の見解が異なる箇所がいくつか見られ、それらは私の実証的知見に基づきあえて修正を加えさせていただいたことをお断りしておく。

歴史に「if（もしも）」を挟むのは意味のないことだといわれる。でも、もしもルフトハンザ機ハイジャック事件が起きなかったら、あるいは、この人質救出作戦が失敗に終わっていたら、MP５の今日の評価と成功はどうなっていただろうか。

MP５の母体となったG３アサルト・ライフルが、次世代のアサルト・ライフルと交代し現役を退いたのと運命をともにしていたかもしれない。MP５はまさに銃砲史上、特筆すべきサブマシンガンである。

訳者あとがき

子供のころに見たアメリカの戦争、犯罪映画には必ずサブマシンガンが出てきた。群がる敵をなぎ倒す圧倒的な火力に目を見張り「いつか撃ってみたい」と願った。

サブマシンガンは第１次世界大戦中、狭い塹壕での白兵戦に適合した武器として開発された。拳銃弾を使用するため射程が短い半面、フルオート射撃で弾幕を張れるので、近接戦で大きな威力を発揮する。第２次世界大戦でも、連発能力の低いボルトアクション小銃を補う目的で大量投入されている。

1960年代、フルオート/セミオート射撃機能を備えたアサルト・ライフルが配備されるようになると、遠射性能に劣るサブマシンガンは歩兵装備から姿を消していった。

わたしが1984年に受けた米陸軍新兵訓練では、300メートルまでの中・遠距離射撃と、25メートルで複数のターゲットと「交戦」するフルオート短連射をM16小銃だけで行なった。念願のサブマシンガン射撃は逃したが、手にしたアサルト・ライフルの多芸ぶりに「すでに短機関銃の時代は終った」と感じた。

本書を翻訳し、それが思い込みに過ぎなかったことを知った。著名な銃器インストラクターとして欧米で活躍するリーロイ・トンプソンは、MP５が従来のサブマシンガンとは一線を画する武器であることを実例で証明していく。

「MP５以前、サブマシンガンとは『弾をばらまくだけの粗雑な火器』だった。しかしMP５はピンポイント射撃が可能な精密射撃マシンだ」また「警察や軍の対テロ部隊が人質救出作戦を行なう場合、小銃弾を発射するアサルト・ライフルなどは過剰貫通で二次被害を引き起こす。射程の短い拳銃弾を使うMP５ならその心配がない」、そして「かつてサブマシンガンの『欠点』だった拳銃弾の短射程と威力不足が、人質の人命保護を重視する対テロ特殊部隊にとっては千載一遇の『取り柄』になった」などの主張はわかりやすく、銃器プロの実体験と知識に裏打ちされている。

日本警察の特殊急襲部隊（SAT）をふくめ、MP５は世界各国のエリート対テロ作戦部隊がそろって採用している。本書を一読すれば、MP５が「対テロ戦争の象徴的武器」と称される理由が容易に理解できるだろう。

また近年、テロリストの重武装化や防弾チョッキの普及によって、MP５からアサルト・カービンやPDW（個人防衛火器）に移行する対テロ部隊が出始めたといわれる。その賛否についても、読者は本書から得た知識をもとに自分なりの判断を下せるはずだ。

ちなみにわたしは、軍でも民間でも、今日までMP５を扱う機会に恵まれなかった。H&K社製銃器の際立った特徴であるローラー式遅延ブローバックも、訳者にとって馴染みの薄いメカニズムだ。通常なら、原文がテクニカルで翻訳が難しい箇所は、実銃を簡易分解して作動原理を理解すれば平易な訳が可能になる。しかし残念ながらMP５は手元にない。にもかかわらず、日本語版が正確かつ信頼のおける訳書に仕上がったのは、世界的銃器研究家、床井雅美氏の監訳のおかげである。この場を借りてお礼を申し上げたい。

THE MP5 SUBMACHINE GUN
Osprey Weapon Series 35
Author Leroy Thompson
Illustrator Johnny Shumate, Alan Gilliland

リーロイ・トンプソン（Leroy Thompson）
長年、小火器の専門家として各国の軍および警察で銃器に関する戦術トレーニングや助言を行なっている。オスプレイ出版のものも含め、45冊を越える著作がある。ディスカバリー・チャンネルやナショナル・ジオグラフィック、英国放送協会（BBC）のドキュメンタリー番組にも兵器エキスパートとして出演している。
床井雅美（とこい・まさみ）
東京生まれ。デュッセルドルフ（ドイツ）と東京に事務所を持ち、軍用兵器の取材を長年つづける。とくに陸戦兵器の研究には定評があり、世界的権威として知られる。主な著書に『世界の小火器』（ゴマ書房）、ピクトリアルIDシリーズ『最新ピストル図鑑』『ベレッタ・ストーリー』『最新マシンガン図鑑』（徳間文庫）、『メカブックス・現代ピストル』『メカブックス・ピストル弾薬事典』『最新軍用銃事典』（並木書房）など多数。
加藤　喬（かとう・たかし）
元米陸軍大尉。都立新宿高校卒業後、1979年に渡米。アラスカ州立大学フェアバンクス校ほかで学ぶ。88年空挺学校を卒業。91年湾岸戦争「砂漠の嵐」作戦に参加。米国防総省外国語学校日本語学部准教授（2014年7月退官）。著訳書に『ＬＴ』（TBSブリタニカ）、『名誉除隊』『アメリカンポリス400の真実！』『ガントリビア99』『M16ライフル』『MP５サブマシンガン』『ミニミ機関銃（近刊）』（並木書房）など多数。

ＭＰ５（エム ピーファイブ）サブマシンガン
―対テロ部隊最強の精密射撃マシン―

2019年１月30日　印刷
2019年２月10日　発行

著　者　リーロイ・トンプソン
監訳者　床井雅美
訳　者　加藤　喬
発行者　奈須田若仁
発行所　並木書房
〒170-0002 東京都豊島区巣鴨2-4-2-501
電話(03)6903-4366　fax(03)6903-4368
http://www.namiki-shobo.co.jp
印刷製本　モリモト印刷
ISBN978-4-89063-382-1